21世纪新概念
全能实战规划教材

中文版

Office 2021

三合一办公 基础教程

凤凰高新教育◎编著

北京大学出版社

PEKING UNIVERSITY PRESS

内容提要

微软公司出品的 Office 是市面上使用最广泛的办公软件之一。Office 2021 是微软在 2021 年 10 月推出的最新版办公软件集合，新版本在保持以往版本强大功能的基础上，增加了许多新功能，深受广大用户的喜爱。

本书以案例为引导，系统全面地讲解了 Office 2021 中 Word、Excel、PowerPoint 三个常用组件的功能，内容包括 Word 2021 办公文档的输入、编辑与排版功能；Excel 2021 电子表格的编辑、数据计算、统计与分析相关功能；PowerPoint 2021 幻灯片的创建、编排、动画设置及放映设置等功能。本书的第 13 章是综合案例，通过该章，帮助读者提高 Office 办公应用综合实战技能。

全书内容安排由浅入深，写作语言通俗易懂，实战案例丰富多样，对每个操作步骤的介绍都清晰准确，特别适合作为广大职业院校、计算机技能培训学校相关专业的教材用书，同时也适合作为广大 Office 2021 初学者、商务办公爱好者的学习参考用书。

图书在版编目(CIP)数据

中文版Office 2021三合一办公基础教程 / 凤凰高新教育编著. — 北京：北京大学出版社，2023.3
ISBN 978-7-301-33625-0

Ⅰ.①中… Ⅱ.①凤… Ⅲ.①办公自动化－应用软件－教材 Ⅳ.①TP317.1

中国版本图书馆CIP数据核字(2022)第229231号

书　　　名	中文版Office 2021三合一办公基础教程	
	ZHONGWEN BAN OFFICE 2021 SANHEYI BANGONG JICHU JIAOCHENG	
著作责任者	凤凰高新教育　编著	
责 任 编 辑	滕柏文	
标 准 书 号	ISBN 978-7-301-33625-0	
出 版 发 行	北京大学出版社	
地　　　址	北京市海淀区成府路205 号　100871	
网　　　址	http://www.pup.cn　新浪微博: @ 北京大学出版社	
电 子 信 箱	pup7@ pup.cn	
电　　　话	邮购部 010-62752015　发行部 010-62750672　编辑部 010-62580653	
印 刷 者	河北文福旺印刷有限公司	
经 销 者	新华书店	
	787毫米×1092毫米　16开本　23.25印张　495千字	
	2023年3月第1版　2023年3月第1次印刷	
印　　　数	1-3000册	
定　　　价	69.00元	

Preface 前言

Office 是市面上使用最广泛的办公软件之一，而 Office 2021 是最新版办公软件集合。Office 2021 在保持以往版本强大功能的基础上，增加了许多新功能，深受广大用户的喜爱。

本书特色

（1）全书内容由浅入深，语言通俗易懂，实战案例丰富多样，对每个操作步骤的介绍都清晰准确，特别适合广大计算机技能培训学校作为相关专业的教材用书，同时也适合广大 Office 办公初学者作为学习参考用书。

（2）内容全面，轻松易学。本书内容翔实，系统全面，采用"步骤讲述＋配图说明"的方式进行编写，操作简单明了、浅显易懂。随书附赠书中所有案例的素材文件与最终结果文件，同时配有同步讲解书中内容的多媒体教学视频，让读者轻松学会 Office 办公相关技能。

（3）案例丰富，实用性强。全书有 35 个"课堂范例"，帮助初学者认识和掌握相关工具、命令的使用方法，并能够轻松地进行实战应用；有 24 个"课堂问答"，帮助初学者解决学习过程中的疑难问题；有 11 个"上机实战"和 11 个"同步训练"综合实例，帮助初学者提升实战技能水平；此外，每章结尾处都有"知识能力测试"习题，认真完成这些习题，初学者可以有效巩固所学的知识技能（提示：相关习题答案可以使用网盘进行下载，下载方法参考后面的介绍）。

本书知识结构图

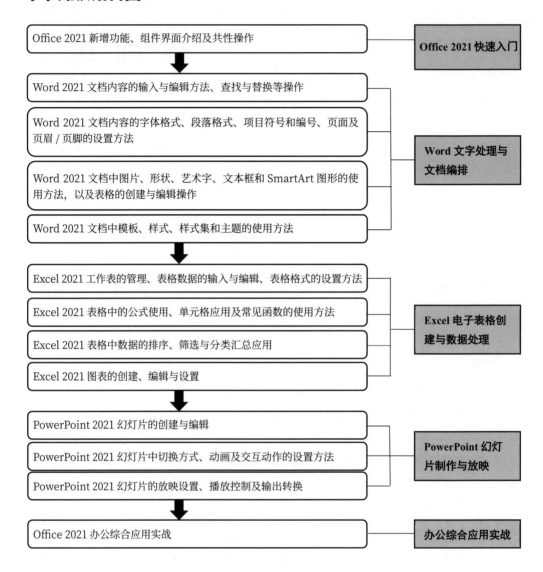

Office 2021 新增功能、组件界面介绍及共性操作				**Office 2021 快速入门**
Word 2021 文档内容的输入与编辑方法、查找与替换等操作				
Word 2021 文档内容的字体格式、段落格式、项目符号和编号、页面及页眉/页脚的设置方法				**Word 文字处理与文档编排**
Word 2021 文档中图片、形状、艺术字、文本框和 SmartArt 图形的使用方法，以及表格的创建与编辑操作				
Word 2021 文档中模板、样式、样式集和主题的使用方法				
Excel 2021 工作表的管理、表格数据的输入与编辑、表格格式的设置方法				
Excel 2021 表格中的公式使用、单元格应用及常见函数的使用方法				**Excel 电子表格创建与数据处理**
Excel 2021 表格中数据的排序、筛选与分类汇总应用				
Excel 2021 图表的创建、编辑与设置				
PowerPoint 2021 幻灯片的创建与编辑				
PowerPoint 2021 幻灯片中切换方式、动画及交互动作的设置方法				**PowerPoint 幻灯片制作与放映**
PowerPoint 2021 幻灯片的放映设置、播放控制及输出转换				
Office 2021 办公综合应用实战				**办公综合应用实战**

教学课时安排

根据 Office 办公软件的功能应用难度，使用本书进行教学的参考课时如下表所示（共 63 个课时），包括教师讲授（37 课时）和学生上机实训（26 课时）两部分。

章节内容	课时分配	
	教师讲授	学生上机实训
第 1 章　Office 2021 快速入门	1	1
第 2 章　Word 文档的输入与编辑	2	2
第 3 章　Word 文档的格式设置	4	2
第 4 章　Word 的图文混排和表格制作	4	3

续表

章节内容	课时分配	
	教师讲授	学生上机实训
第5章　Word 模板、样式和主题的应用	3	2
第6章　Excel 电子表格的创建与编辑	2	2
第7章　Excel 公式和函数的应用	4	2
第8章　Excel 表格数据的统计与分析	4	2
第9章　Excel 表格数据的可视化分析	3	2
第10章　PowerPoint 幻灯片的创建与编辑	2	2
第11章　PowerPoint 幻灯片的动画和交互设置	2	2
第12章　PowerPoint 幻灯片的放映与输出	2	1
第13章　综合案例	4	3
合计	37	26

配套资源说明

本书配套的学习资源和教学资源如下。

1．素材文件

本书中所有章节实例的素材文件，全部收录在网盘中的"素材文件"文件夹中。读者学习时，可以参考图书讲解内容，打开对应的素材文件进行同步操作练习。

2．结果文件

本书中所有章节实例的结果文件，全部收录在网盘中的"结果文件"文件夹中。读者学习时，可以打开结果文件，查看实例完成效果，检验自己学习过程中操作练习的结果是否正确。

3．视频教学文件

本书为读者提供了长达 300 分钟与书同步的视频教程，读者可以使用视频播放软件（Windows Media Player、暴风影音等），打开每章对应的视频文件进行学习。

4．PPT 课件

本书为教师提供了完善的 PPT 教学课件，教师选择本书作为教材，不用担心没有教学课件，也不必自己制作课件内容，十分方便。

5．习题答案

"习题答案汇总"文件主要用于提供"知识能力测试"模块的参考答案，以及本书"知识与能力总复习题"的相关参考答案。

6．其他赠送资源

为了提高读者的软件应用水平，本书作者团队特别整理了 1000 个 Office 常用模板、

200 个 Office 常用技巧、Excel 函数查询手册、高效能人士效率倍增手册等超值资源，供读者学习使用。

温馨提示

以上资源，请用手机微信扫描下方二维码，关注公众号，输入本书 77 页的资源下载码，获取下载地址及密码。

创作者说

在本书的编写过程中，我们竭尽所能地为读者呈现最好、最全的实用功能，但仍难免有疏漏和不妥之处，敬请广大读者不吝指正。若您在学习过程中产生疑问或有任何建议，可以通过 E-mail 与我们联系。读者邮箱：pup7@pup.cn。

编者

CONTENTS 目 录

Office
2021

第 1 章

Office 2021 快速入门

Office 2021 是微软发布的一款办公软件集合，新版本在保持以往版本强大功能的基础上，增加了许多新功能。本书将详细介绍 Office 中常用的三大组件——Word、Excel 和 PowerPoint。

学习目标

- 了解 Office 2021 各组件的新增功能
- 熟悉 Office 2021 三大常用组件的操作界面
- 熟练掌握 Office 2021 三大常用组件的共性操作

1.1 Office 2021的新增功能

经过不断改进，Microsoft Office 系列办公软件几乎成为办公人士的必备装机工具。新版本 Office 2021 不仅配合 Windows 11 系统进行了重大的视觉更新，其本身也新增了一些特色功能。下面针对该版本中 Word、Excel 和 PPT 三个常用组件的新增功能进行简单介绍。

1.1.1 改善的操作界面

Office 2021 对操作界面做了极大的优化，取消了 Office 文件打开起始时的 3D（三维）带状图像，增加了大片的单一图像，Word 2021 的启动界面如图 1-1 所示。

在 Office 2021 标题栏改进后的【搜索】文本框中，可以使用图形、表格、脚注和注释来查找内容，而且，Office 2021 会根据当前的操作动作对用户可能要采取的其他操作动作提出建议，如图 1-2 所示。

图 1-1　Word 2021 启动界面

图 1-2　【搜索】文本框

1.1.2 自动保存文档更新

Office 2021 增加了自动保存功能，单击如图 1-3 所示的程序窗口左上角的【自动保存】按钮，自动保存状态会变为"开"，当用户将文件上传到 OneDrive、OneDrive for Business 或 SharePoint Online 中时，可以自动保存所有更新。

1.1.3 增加深色模式

Office 2021 对以往版本的黑色 Office 主题进

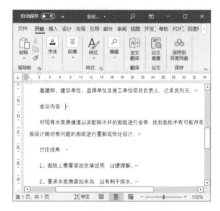

图 1-3　【自动保存】按钮

行了进一步扩展，支持自适应的暗黑模式。在暗黑模式下，之前的白色页面变成深灰色 /
黑色页面，文档颜色也随之变化，以适应新的颜色对比度，如图 1-4 所示，即便是晚上工作，
柔和的视觉效果也能让用户更好地保护眼睛。

图 1-4　暗黑模式

如果需要将 Office 的主题颜色更改为黑色，可在【文件】选项卡的【账户】子选项
卡中进行设置，如图 1-5 所示；或者打开【Word 选项】对话框，在【常规】选项卡的【对
Microsoft Office 进行个性化设置】栏中进行设置，如图 1-6 所示。

图 1-5　在【账户】子选项卡中更改主题　　　　图 1-6　在【Word 选项】对话框中更改主题

1.1.4　内置图像搜索功能

编辑 Word 文档或者制作演示文稿时经常需
要插入图片，使用旧版本的 Office 时，若本地
计算机上没有合适的图片，需要先打开浏览器，
在网站上搜索并下载，再将其插入到 Word 或
PPT 中。在 Office 2021 中，则可以直接使用内
置的 Bing 搜索合适的图片，如图 1-7 所示，将
其快速插入到文档或者演示文稿中去。

图 1-7　联机搜索图片

1.1.5 草绘样式轮廓

在 Office 2021 中绘制形状后，可以为形状设置手绘外观，方法如下。

选择形状，切换到【绘图工具 / 形状格式】选项卡，单击【形状样式】组中的【形状轮廓】下拉按钮，在弹出的下拉列表中选择【草绘】选项，在弹出的级联列表中选择需要的草绘轮廓样式，如图 1-8 所示。

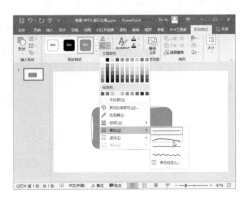

图 1-8　草绘轮廓样式

1.1.6 访问辅助功能工具的新方法

Office 2021 将创建可访问 Excel 工作簿所需要的所有工具放在辅助功能功能区中，用户与其他人共享文档或者将文档保存到公共位置之前，可以先使用辅助功能筛查问题，避免出错。单击【审阅】选项卡中的【检查辅助功能】按钮，将显示【辅助功能】选项卡，如图 1-9 所示。

图 1-9　【辅助功能】选项卡

1.1.7 获取工作簿统计信息

Excel 2021 增加了对工作簿信息进行统计的功能，单击【审阅】选项卡中的【工作簿统计信息】按钮，在打开的【工作簿统计信息】对话框中，可以查看当前工作表和整个工作簿的信息，如图 1-10 所示。

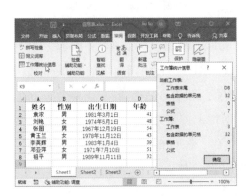

图 1-10　统计工作簿信息

1.1.8　PDF 文档完全编辑

　　PDF 是日常工作和生活中常用的便携式文件格式，但对它进行编辑和使用时总是存在诸多不便，有了 Office 2021 后，这种问题将不再是难题。

　　Office 2021 支持打开与编辑 PDF 文档，在 Word 2021 中，用户不仅能够打开 PDF 类型的文件，还能够随心所欲地对其进行编辑，如图 1-11 所示。编辑后，可以直接保存 PDF 文件，也可以将其保存为 Word 支持的任何文件类型。

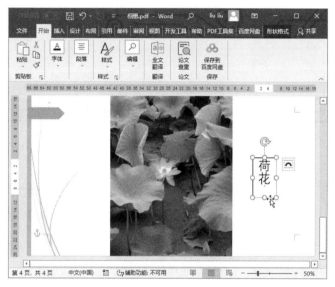

图 1-11　编辑 PDF 文档

1.2　认识Office 2021常用组件的界面

　　Word、Excel 和 PowerPoint 是 Office 2021 中常用的三个办公组件，使用组件前，我们先来熟悉各组件的操作界面。

1.2.1　Word 2021 的操作界面

　　Word 是目前使用比较广泛的文字处理与编辑软件，也是日常办公中使用比较频繁的办公软件，使用它，可以轻松编排各种文档。

　　Word 2021 的操作界面主要由快速访问工具栏、标题栏、窗口控制按钮、【文件】按钮、选项卡、功能区、标尺、编辑区、状态栏和视图栏等部分构成，如图 1-12 所示。

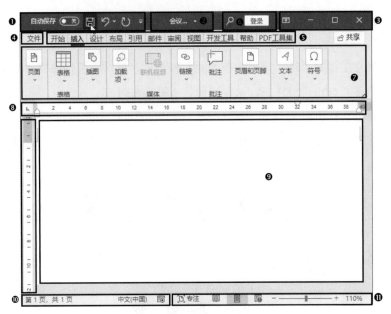

图 1-12　Word 2021 操作界面

下面，分别对每个区域的名称、作用等进行说明。

❶ 快速访问工具栏：默认情况下，快速访问工具栏位于 Word 窗口左上侧，用于显示常用的工具按钮，默认包括【自动保存】开关按钮、【保存】按钮、【撤销】按钮和【恢复】按钮等，单击按钮，可执行相应的操作。

❷ 标题栏：用于显示当前的文档名称和程序名称。

❸ 窗口控制按钮：包括【功能区显示选项】按钮、【最小化】按钮、【最大化】按钮和【关闭】按钮，其中，【功能区显示选项】按钮用于显示和隐藏功能区，其他控制按钮用于对文档窗口进行相应的控制。

❹【文件】按钮：用于打开【文件】菜单，菜单中包括【打开】【新建】【保存】【关闭】等命令。

❺ 选项卡：选项卡是 Word 各功能的集合，单击不同的选项卡，可以打开不同的功能区。

❻ Microsoft 搜索：使用"搜索"功能，可以快速检索 Word 功能按钮。

❼ 功能区：用于放置编辑文档时所要的功能选项。

❽ 标尺：用于显示或定位文本的位置。

❾ 编辑区：Word 窗口中最大的区域，用来输入和编辑文档内容，用户对文档进行各种操作的结果都显示在该区域中。

❿ 状态栏：用于显示当前文档的页数、字数、使用语言、输入状态等信息。

⓫ 视图栏：用于切换文档的视图方式，以及对编辑区的显示比例和缩放尺寸进行调整。

温馨
提示
　　默认情况下，Word 2021操作界面中不显示导航窗格，在【视图】选项卡中勾选【导航窗格】复选框，可将其显示出来。使用导航窗格，可以快速查看文档结构图和页面缩略图，帮助用户快速定位文档位置。

1.2.2 Excel 2021 的操作界面

　　Excel 2021是电子表格处理软件，主要用于制作表格、计算和分析数据。Excel的操作界面与Word和PowerPoint有相似之处，也有不同之处，下面主要对Excel 2021操作界面独有的组成部分进行介绍，如图1-13所示。

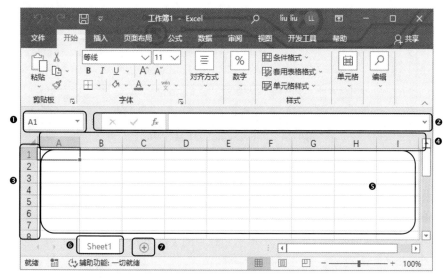

图1-13　Excel 2021操作界面

❶ 名称框：用于显示或定义所选择单元格或单元格区域的名称。

❷ 编辑栏：用于显示或编辑所选择单元格中的内容。

❸ 行：用于显示工作表中的行数据，以1、2、3、4……的形式进行编号。

❹ 列：用于显示工作表中的列数据，以A、B、C、D……的形式进行编号。

❺ 工作区：用于对表格内容进行编辑，单元格以虚拟的网格线进行划分。

❻ 工作表标签：用于显示当前工作簿中的工作表名称。

❼ 【插入工作表】按钮：单击该按钮，即可完成插入工作表操作。

1.2.3 PowerPoint 2021 的操作界面

　　PowerPoint 2021是演示文稿制作软件，用来制作集文字、图形图像、声音、视频等形式于一位的极具感染力的动态演示文稿。PowerPoint 2021 的操作界面与 Word 和 Excel 的操作界面有相似之处，如快速访问工具栏、选项卡、功能区、状态栏等部分，也有不同之处，如编辑区、幻灯片窗格、备注栏等部分，如图 1-14 所示。

图 1-14　PowerPoint 2021 操作界面

❶ 幻灯片窗格：用于显示当前演示文稿中的幻灯片。

❷ 编辑窗格：用于显示或编辑幻灯片中的文本、图片、图形等内容。

❸ 备注窗格：用于为幻灯片添加备注内容，添加时，将插入点定位在其中，直接输入内容即可。若没有显示备注窗格，单击状态栏中的【备注】按钮，即可将其显示出来。

1.3　Office 2021常用组件的共性操作

Office 2021 包含多个组件，很多操作相同，如新建、保存、打开、关闭、打印等，都属于三个组件的共性操作。本节以 PowerPoint 2021 为例，介绍组件的共性操作。

1.3.1　新建文档

要使用 PowerPoint 2021 制作演示文稿，首先需要新建文档。在 PowerPoint 2021 中，既可以新建空白演示文稿，也可以根据模板新建带内容的演示文稿，下面分别进行介绍。

1．新建空白文档

要新建空白演示文稿，既可以通过【开始】菜单启动 PowerPoint，也可以在已打开的演示文稿中执行新建操作，具体操作如下。

步骤01　在已打开的演示文稿中，切换到【文件】选项卡，单击【开始】子选项卡【新建】栏中的【空白演示文稿】选项，如图 1-15 所示。

步骤02　即可在打开的界面中看到新建的空白演示文稿，如图 1-16 所示。

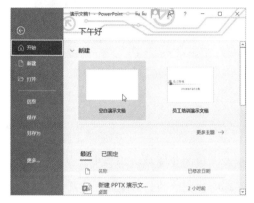

图 1-15　单击【空白演示文稿】选项　　　　　图 1-16　新建的空白演示文稿

2. 使用模板新建文档

Office 2021 内置许多带有固定格式的文档模板，使用模板新建文档，可以帮助用户节省设置格式的时间，提高工作效率。使用模板新建演示文稿的具体操作如下。

步骤01　打开【文件】选项卡，切换到【新建】子选项卡，在搜索框中输入需要的模板类型，单击【搜索】按钮，如图 1-17 所示。

步骤02　在下方的搜索结果中，单击需要的模板样式选项，如图 1-18 所示。

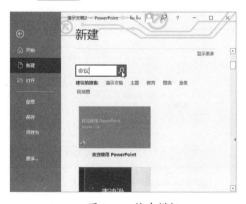

图 1-17　搜索模板　　　　　　　　　图 1-18　单击模板样式选项

步骤03　在打开的窗口中，单击【创建】按钮，如图 1-19 所示。

步骤04　返回演示文稿窗口，即可看到使用模板新建的演示文稿的效果，如图 1-20 所示。

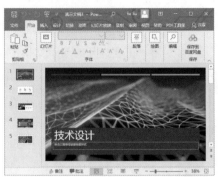

图 1-19 单击【创建】按钮　　　　　　图 1-20 查看模板效果

1.3.2 保存文档

在文档中编辑内容后，需要及时对其进行保存，以防止文档内容丢失。下面以保存 1.3.1 节中使用模板新建的演示文稿为例，介绍保存新建文档的具体操作。

步骤01 单击快速访问工具栏中的【保存】按钮，如图 1-21 所示。

步骤02 弹出【保存此文件】对话框，在【文件名】文本框中输入所保存文件的文件名，单击文本框右侧的扩展名，可在弹出的下拉列表中选择文件保存类型，单击【选择位置】下拉列表框，可设置文件的保存位置，设置完成后单击【保存】按钮，如图 1-22 所示。

图 1-21 单击【保存】按钮　　　　　　图 1-22 设置文件名和保存路径

技能拓展

对已保存的文档进行修改后再次保存，单击【保存】按钮即可。若要修改已保存文档的文件名或保存位置，可在【文件】选项卡中切换到【另存为】子选项卡，重新设置后保存。

1.3.3　打开文档

将文档保存到计算机中后，对其进行再次编辑或查看时，需要先将其打开。以打开已创建的演示文稿为例，具体操作如下。

步骤01　在 PowerPoint 2021 程序窗口中，打开【文件】选项卡，切换到【打开】子选项卡，单击【浏览】按钮，如图 1-23 所示。

步骤02　弹出【打开】对话框，选择要打开的演示文稿，单击【打开】按钮，如图 1-24 所示。

图 1-23　单击【浏览】按钮

图 1-24　选择要打开的文件

1.3.4　关闭文档

编辑文档并对其进行保存后，如果不再需要使用该文档，可将其关闭，以提高计算机的运行速度。关闭文档的具体操作如下。

步骤01　单击程序窗口右上角的【关闭】按钮，如图 1-25 所示。

步骤02　若未对文档进行保存就执行关闭操作，将弹出对话框，提示用户是否保存对此文档的更改，单击【保存】按钮，如图 1-26 所示。

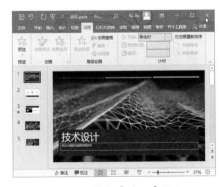
图 1-25　单击【关闭】按钮

图 1-26　单击【保存】按钮

温馨
提示

若在新建的文档中进行编辑后执行关闭操作，将弹出对话框，提示用户是否保存对此文档所做的更改，在此界面中，可以设置文档的保存名称和保存路径。

课堂范例——使用模板创建并保存文档

本节介绍了在 Office 2021 中新建、保存、打开、关闭文档的相关操作，下面以使用模板创建并保存 Word 文档为例，介绍文档的创建和保存方法。

步骤01 在 Word 程序窗口界面，单击【文件】选项卡，如图 1-27 所示。

步骤02 切换到【新建】子选项卡，在右侧的搜索框中输入所需要模板的关键字，单击【搜索】按钮，如图 1-28 所示。

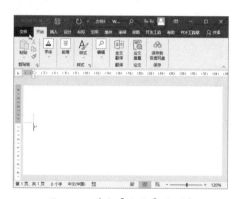

图 1-27 单击【文件】选项卡

图 1-28 搜索模板

步骤03 在下方的搜索结果中，单击需要的模板样式，如图 1-29 所示。

步骤04 在打开的窗口中，单击【创建】按钮，如图 1-30 所示。

图 1-29 单击需要的模板样式

图 1-30 单击【创建】按钮

步骤05 在新打开的 Word 窗口中，可以看到模板效果，单击快速访问工具栏中的【保存】按钮，如图 1-31 所示。

步骤06 弹出【保存此文件】对话框，设置文档的文件名、保存类型和保存位置后，单击【保存】按钮，如图 1-32 所示。

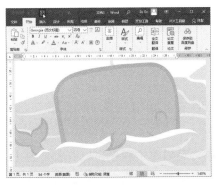

图 1-31　单击【保存】按钮

图 1-32　保存设置

1.4 自定义Office工作界面

用户使用 Office 2021 时，可以根据自己的使用习惯和需求自定义组件的工作界面，以便更好地进行办公。下面以 Excel 2021 为例，介绍自定义 Excel 工作界面的操作。

1.4.1　在快速访问工具栏中添加或删除按钮

默认情况下，快速访问工具栏中只包括【保存】【撤销】和【恢复】3 个按钮，用户可以根据需要，将经常使用的按钮添加到快速访问工具栏中，提高操作效率，具体操作如下。

步骤01　在 Excel 2021 的快速访问工具栏中，单击【自定义快速访问工具栏】按钮，在弹出的下拉列表中选择需要添加到快速访问工具栏中的按钮选项，如图 1-33 所示。

步骤02　返回工作表编辑区，即可在快速访问工具栏中看到添加的按钮，如图 1-34 所示。

图 1-33　添加【打开】按钮

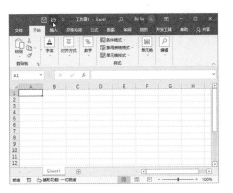

图 1-34　查看添加的按钮

1.4.2 隐藏或显示功能区

默认情况下，为了便于用户操作，在 Excel 中切换选择不同的选项卡，将显示对应的功能区。当数据较多时，由于窗口可显示的内容有限，用户可以自行决定隐藏或显示功能区，具体操作如下。

步骤01 若要隐藏功能区，可以单击功能区右下角的【折叠功能区】按钮，如图 1-35 所示。

步骤02 若要将隐藏的功能区显示出来，可以单击程序窗口右上角的【功能区显示选项】按钮，在弹出的下拉列表中选择【显示选项卡和命令】选项，如图 1-36 所示。

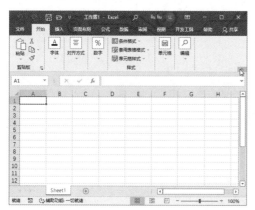

图 1-35　隐藏功能区

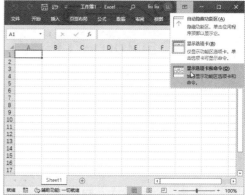

图 1-36　显示功能区

📚 课堂范例——自定义工具组

在 Office 2021 中，用户可以将常用的命令添加到一个组中，以便操作。以将常用符号添加到【开始】选项卡中为例，具体操作如下。

步骤01 在 Excel 程序窗口中，打开【文件】选项卡，切换到【选项】子选项卡，如图 1-37 所示。

步骤02 弹出【Excel 选项】对话框，切换到【自定义功能区】选项卡，在右侧的【自定义功能区】栏中选择要添加的目标选项卡，如【开始】选项卡，单击【新建组】按钮，如图 1-38 所示。

步骤03 选择新建的组，单击【重命名】按钮，如图 1-39 所示。

步骤04 弹出【重命名】对话框，在【显示名称】文本框中输入新建组的名称，单击【确定】按钮，如图 1-40 所示。

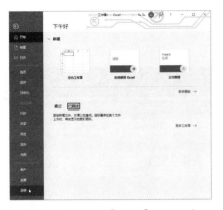

图 1-37　切换到【选项】子选项卡

图 1-38　单击【新建组】按钮

图 1-39　单击【重命名】按钮

图 1-40　重命名新建组

步骤05　单击【从下列位置选择命令】下拉列表框，选择需要的选项后，在下方列表框中选择要添加的命令，单击【添加】按钮，如图 1-41 所示。

步骤06　按照步骤 05 中的操作，继续添加其他命令，设置完成后单击【确定】按钮，如图 1-42 所示。

图 1-41　添加命令

图 1-42　单击【确定】按钮

步骤07 返回工作表，即可在【开始】选项卡中看到新建的组及新添加的命令，如图 1-43 所示。

图 1-43 查看添加的工具组及命令

课堂问答

问题❶：如何将文档保存为低版本兼容模式

答：单击【另存为】对话框中的【保存类型】下拉列表框，在下拉列表中选择【Word 97-2003 文档 (*.doc)】选项，即可将使用 Word 2021 制作的文档另存为 Word 97-2003 兼容模式，以便使用早期版本打开并编辑文档。

问题❷：如何更改文档的默认保存路径

答：打开【Word 选项】对话框，切换到【保存】选项卡，在【保存文档】组中，单击【默认的文件位置】右侧的【浏览】按钮，在弹出的【修改位置】对话框中设置新的保存路径并确认即可。

知识能力测试

本章讲解了 Office 2021 常用三大组件的新增功能和共性操作，为对知识进行巩固和考核，布置相应的练习题。

一、填空题

1. Office 2021 中，所有组件都默认应用彩色主题，其中，Word 2021 默认的主题颜色为_____，Excel 2021 默认的主题颜色为_____，PowerPoint 2021 默认的主题颜色为_____。

2. 在 Excel 2021 操作界面中，_____用于显示或定义所选择单元格或单元格区域的名称。

3. PowerPoint 2021 的操作界面主要由_____、_____、_____、_____、_____、_____、_____、_____和_____等部分构成。

二、选择题

1. Word 2021 默认的文档保存格式为（   ）。

    A．*.doc   B．*.docx   C．*.docm   D．*.dotx

2．Excel 2021 默认的文档保存格式为（　　　）。

 A．*.xls   B．*.xml   C．*.xlsx   D．*.xlsm

3．PowerPoint 2021 默认的文档保存格式为（　　　）。

 A．*.ppt   B．*.pot   C．*.ppsx   D．*.pptx

三、简答题

1．Word 2021 的操作界面主要由哪几部分组成？

2．如何对工作簿进行加密保存？

Office
2021

第 2 章
Word 文档的输入与编辑

　　Word 是一款功能强大的文字处理和排版工具，因此，文本的输入和编辑是使用 Word 时最重要且最基本的操作。本章将详细介绍 Word 2021 的文本输入、选择、移动、复制、查找、替换、撤销、恢复等操作，为后续学习打下坚实的基础。

学习目标

- 熟练掌握文本内容和符号的输入方法
- 熟练掌握文本的移动和复制方法
- 熟练掌握文本的查找和替换方法
- 熟练掌握撤销与恢复操作

2.1　输入文本

Word 最基本的功能是文字处理，因此，掌握文本内容和符号的输入方法是必须的。本节主要介绍文本内容和符号的输入方法。

2.1.1　定位光标

启动 Word 2021 后，在文档编辑区中不停闪动的"｜"就是光标插入点，光标插入点所在的位置即为输入文本的位置。在 Word 文档中，可以使用下面几种方法定位光标插入点。

1．使用鼠标定位

使用鼠标定位光标插入点是最常用的方法，有在空白文档中操作和在已有内容的文档中操作两种情况。

（1）在空白文档中定位光标插入点：在新建的空白文档中，光标插入点位于文档的开始处，此时可以直接输入文本内容。

（2）在已有内容的文档中定位光标插入点：若文档中已有内容，如文字、图片等，需要在某一指定位置输入文本时，可将鼠标指针移到该处，当鼠标指针呈"Ｉ"形状时，单击鼠标左键即可完成定位。

2．使用键盘定位

使用键盘定位光标插入点主要有以下几种方法。

（1）按下光标移动键（↑、↓、→或←），光标插入点将向相应的方向移动。

（2）按下【Home】键，光标插入点将向左移动到当前行的行首位置；按下【End】键，光标插入点将向右移动到当前行的行末位置。

（3）按下【Page Up】键，光标插入点将向上移动一页；按下【Page Down】键，光标插入点将向下移动一页。

（4）按【Ctrl+Home】组合键，光标插入点将移到整篇文档的开头位置；按【Ctrl+End】组合键，光标插入点将移到整篇文档的末尾位置。

2.1.2　输入文本内容

定位光标后，切换到中文输入法，就可以进行文本输入了。在文本输入过程中，光标插入点将自动向右移动，当一行文本输入完后，插入点将自动跳转到下一行。

在文本输入过程中，经常会遇到一行未输入满，就开始一个新段落的情况，此时，可以按下【Enter】键进行换行，换行后，上一段段末会出现段落标记↵，效果如图 2-1 所示。

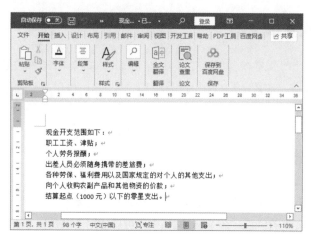

图 2-1　输入文本内容

如果需要在已有内容的文档中的指定位置输入文本，可以通过"即点即输"功能实现，操作方法：将鼠标指针移到需要输入文本的位置，当鼠标指针呈"I"形状时，单击鼠标左键，即可在当前位置定位光标插入点，输入需要的文本内容。

2.1.3　在文档中插入符号

无论是中文内容还是英文内容，都需要使用标点符号对语句进行分隔，此外，还可能遇到需要插入特殊符号的情况。

1．输入普通符号

在 Word 2021 中编辑文档时，使用键盘可以快速输入普通符号。

（1）在英文状态下，按下键盘上对应的键，可输入","".""/""["等符号；按住【Shift】键的同时按下键盘上对应的键，可输入"<"">"":""?"等符号。

（2）在中文状态下，按下键盘上对应的键，可输入"，"""。""、""【"等符号；按住【Shift】键的同时按下键盘上对应的键，可输入"《""》"""：""？"等符号。

2．插入特殊符号

在编辑文档的过程中，除了输入文本内容和普通标点符号之外，偶尔还会遇到需要插入特殊符号的情况，具体操作如下。

步骤01　将光标插入点定位在需要插入特殊符号的位置，切换到【插入】选项卡，单击【符号】组中的【符号】下拉按钮，在弹出的下拉列表中单击【其他符号】命令，如图 2-2 所示。

步骤02　弹出【符号】对话框，单击【字体】下拉列表框右侧的下拉按钮，在弹出的下拉列表中选择需要的符号类型，在出现的符号中选择要插入的特殊符号，单击【插入】按钮，如图 2-3 所示。

图 2-2　单击【其他符号】命令

图 2-3　插入特殊符号

> **步骤03**　此时,【符号】对话框中的【取消】按钮将变为【关闭】按钮,单击该按钮关闭对话框,返回文档,即可看到插入的特殊符号。

2.1.4　删除文本

使用 Word 2021 编辑文档时,难免遇到不小心输入错误或输入多余内容的情况,此时需要删除文本。按下键盘上的【Backspace】键,可删除光标插入点前的一个字符;按下键盘上的【Delete】键,可删除光标插入点后的一个字符。如图 2-4 至图 2-6 所示,分别为原文、使用【Backspace】键删除文本和使用【Delete】键删除文本的效果。

图 2-4　原文

图 2-5　使用【Backspace】键删除文本　　　　图 2-6　使用【Delete】键删除文本

　技能拓展

　　Word 2021 中还有一些用于删除文本的快捷组合键,如按【Ctrl+Delete】组合键,可删除光标插入点后的一个单词或短语;按【Ctrl+Backspace】组合键,可删除光标插入点前的一个单词或短语。

课堂范例——输入"公司简介"文档内容

以在"公司简介"文档中输入内容为例,介绍在 Word 中输入文本内容、标点符号的方法,以及换行的相关操作,具体操作如下。

步骤01 新建一个名为"公司简介.docx"的 Word 文档,切换到中文输入法,输入文档标题"公司简介",按下【Enter】键,切换到下一行,如图 2-7 所示。

步骤02 输入公司简介内容时,按键盘上的符号,可直接输入标点符号,如图 2-8 所示。

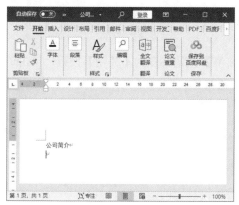

图 2-7 输入标题 图 2-8 输入正文

步骤03 若要换行,可按下【Enter】键,在下一段继续输入文本内容;若要输入双引号,按下【Shift】键,同时按下键盘上的【"】键,即可在文档中看到输入的双引号,如图 2-9 所示。

步骤04 将光标插入点定位在双引号中间,可在双引号中输入文本,输入完成后,将光标插入点定位在双引号后面,继续输入文档内容,完成后的效果如图 2-10 所示。

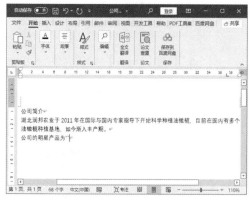
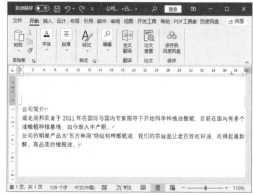

图 2-9 输入双引号 图 2-10 最终效果

2.2 选择文本

在Word文档中输入文本内容后，如果要对文本进行格式设置或者复制等操作，需要选择文本。在 Word 2021 中，文本的选择包括选择部分文本内容和选择整篇文本两种情况，下面分别进行介绍。

2.2.1 定位光标选择部分文本

在文档编辑过程中，使用鼠标选择文本是常见的操作，主要分为以下几种情况。

（1）选择任意文本。将光标插入点定位到需要选择的文本起始处，按住鼠标左键不放并拖动，直至需要选择的文本结尾处，释放鼠标，即可将目标文本选中，此时，被选中的文本将以蓝色背景显示，如图 2-11 所示。

（2）选择词组。双击需要选择的词组即可，如图 2-12 所示。

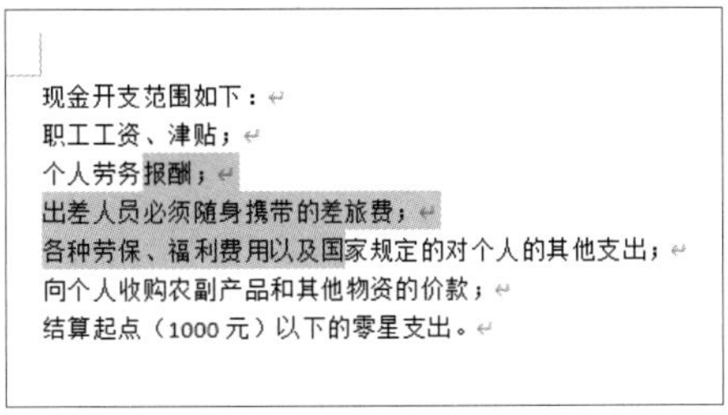
现金开支范围如下：
职工工资、津贴；
个人劳务报酬；
出差人员必须随身携带的差旅费；
各种劳保、福利费用以及国家规定的对个人的其他支出；
向个人收购农副产品和其他物资的价款；
结算起点（1000 元）以下的零星支出。

图 2-11 选择任意文本

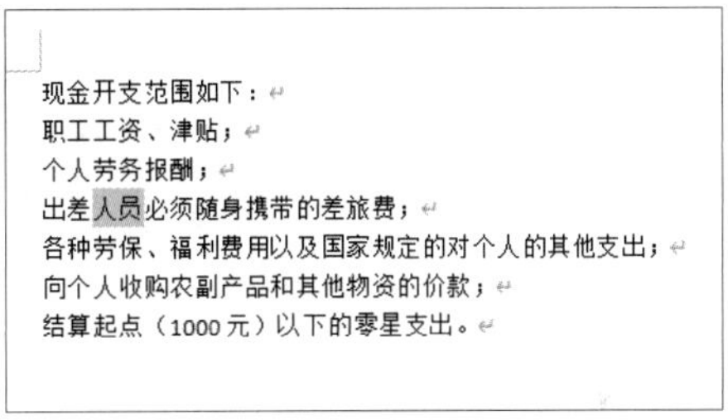
现金开支范围如下：
职工工资、津贴；
个人劳务报酬；
出差人员必须随身携带的差旅费；
各种劳保、福利费用以及国家规定的对个人的其他支出；
向个人收购农副产品和其他物资的价款；
结算起点（1000 元）以下的零星支出。

图 2-12 选择词组

（3）选择一行文本。将鼠标指针移到需要选择的某行左边的空白处，当鼠标指针呈“↗”形状时，单击鼠标左键，即可选择该行全部内容，如图 2-13 所示。

（4）选择一段文本。将鼠标指针移到需要选择的某个段落左侧的空白处，当鼠标指针呈“↗”形状时，双击，即可选择当前段落，如图 2-14 所示。此外，将光标插入点定位到某段文本中的任意位置，双击，也可选择该段落。

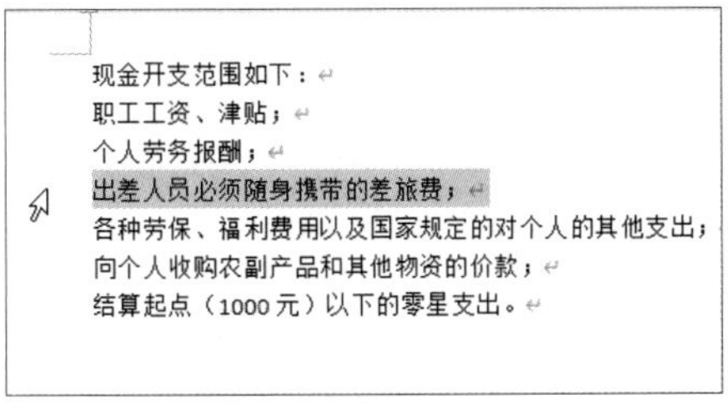
现金开支范围如下：
职工工资、津贴；
个人劳务报酬；
出差人员必须随身携带的差旅费；
各种劳保、福利费用以及国家规定的对个人的其他支出；
向个人收购农副产品和其他物资的价款；
结算起点（1000 元）以下的零星支出。

图 2-13 选择一行内容

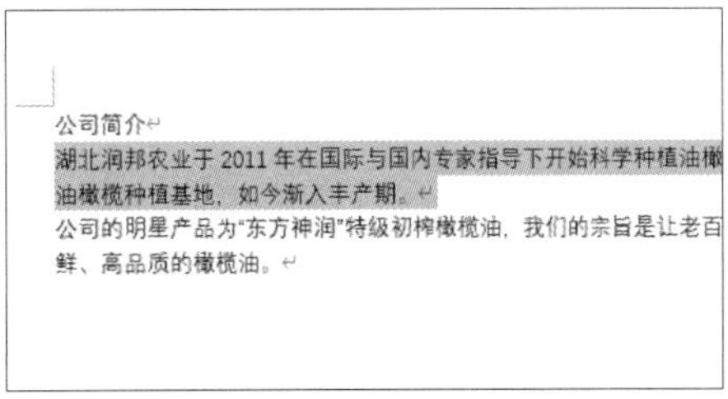
公司简介
湖北润邦农业于 2011 年在国际与国内专家指导下开始科学种植油橄
油橄榄种植基地，如今渐入丰产期。
公司的明星产品为“东方神润”特级初榨橄榄油，我们的宗旨是让老百
鲜、高品质的橄榄油。

图 2-14 选择一段文本

（5）选择分散文本。拖动鼠标，选择第一个文本区域，随后，按住【Ctrl】键的同

时拖动鼠标，选择其他不相邻的文本区域，选择后释放【Ctrl】键即可，如图 2-15 所示。

（6）选择垂直文本。按住【Alt】键的同时按住鼠标左键，拖动出一个矩形区域，选择完成后释放【Alt】键，即可将所选区域中的文本全部选中，如图 2-16 所示。

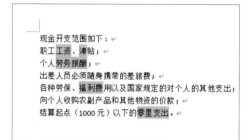

图 2-15　选择分散文本

图 2-16　选择垂直文本

2.2.2　选择整篇文本

在 Word 2021 中，如果需要一次性选择整篇文本，可使用下面几种方法实现。

（1）在【开始】选项卡的【编辑】组中，单击【选择】右侧的下拉按钮，在弹出的下拉列表中单击【全选】命令即可，如图 2-17 所示。

（2）按【Ctrl+A】组合键，或者按【Ctrl+5】组合键均可。

（3）将鼠标指针移到编辑区左侧空白处，当鼠标指针呈"⟋"形状时，按住【Ctrl】键的同时单击鼠标左键即可。

（4）将鼠标指针移到编辑区左侧空白处，当鼠标指针呈"⟋"形状时，连击鼠标左键 3 次即可，如图 2-18 所示。

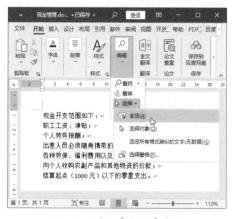

图 2-17　单击【全选】命令

图 2-18　连击左键 3 次选择整篇文本

2.3 移动和复制文本

在文档编辑过程中，经常会遇到需要重复输入部分内容，或者需要将某些文本移动到其他位置的情况，此时，使用复制或移动操作，可以大大提高文档的编辑效率。

2.3.1 移动文本

编辑文档过程中，如果需要将某个词语或段落移动到其他位置，具体操作如下。

步骤01 打开"素材文件\第2章\现金管理.docx"文档，选择要移动的文本内容，单击【开始】选项卡【剪贴板】组中的【剪切】按钮 X，如图2-19所示。

步骤02 将光标插入点定位在要插入移动内容的目标位置，单击【剪贴板】组中的【粘贴】按钮即可，如图2-20所示。

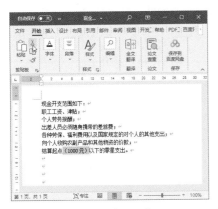

图 2-19　单击【剪切】按钮

图 2-20　单击【粘贴】按钮

技 能 拓 展

选择文本后按住鼠标左键不放并进行拖动，拖动至目标位置后释放鼠标左键，即可实现文本的快速移动。

2.3.2 复制文本

文档编辑过程中，如果遇到需要重复输入一大段文本的情况，使用复制操作可以大大提高工作效率，具体操作如下。

步骤01 打开"素材文件\第2章\现金管理.docx"文档，选择要复制的文本内容，单击【开始】选项卡【剪贴板】组中的【复制】按钮 ，如图2-21所示。

步骤02　将光标插入点定位在要插入复制内容的目标位置，单击【剪贴板】组中的【粘贴】按钮即可，如图2-22所示。

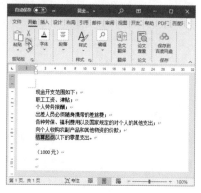

图 2-21　单击【复制】按钮

图 2-22　单击【粘贴】按钮

技能拓展

　　在选择的文本上右击，在弹出的快捷菜单中单击【复制】命令，或者按【Ctrl+C】组合键，可执行复制操作。在光标插入点所在位置上右击，在弹出的快捷菜单中单击【粘贴】命令，或者按【Ctrl+V】组合键，可执行粘贴操作。

2.3.3　使用剪贴板

　　剪贴板是计算机中暂时存放内容的区域，为了更方便地使用系统剪贴板，Office 2021内置剪贴板工具，具体操作如下。

步骤01　单击【开始】选项卡【剪贴板】组中的【剪贴板】按钮，打开【剪贴板】窗格，如图2-23所示。

步骤02　在文档中选择需要复制或剪切的文本，按【Ctrl+C】组合键执行复制操作，或者按【Ctrl+X】组合键执行剪切操作，此时，剪切的对象将按操作的先后顺序放置于【剪切板】窗格中，如图2-24所示。

图 2-23　单击【剪贴板】按钮

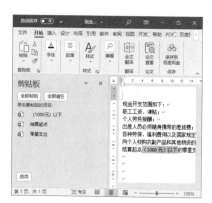

图 2-24　执行复制或剪切操作

步骤03　将光标插入点置于需要粘贴文本的位置，单击【剪贴板】窗格中需要粘贴的文本，如图 2-25 所示，即可将其粘贴到所选位置。

步骤04　完成文本粘贴操作后，如果该文本不再使用，可以单击粘贴文本右侧的下拉按钮，在弹出的下拉列表中单击【删除】命令，如图 2-26 所示。

图 2-25　单击粘贴对象

图 2-26　删除粘贴对象

课堂范例——快速编辑"公司简介"文档

以编辑"公司简介"文档为例，介绍在 Word 中复制和移动文本的方法，具体操作如下。

步骤01　打开"素材文件 \ 第 2 章 \ 公司简介 .docx"文档，在正文下方输入需要的内容，如图 2-27 所示。

步骤02　选择要复制的文本，单击【开始】选项卡中的【复制】按钮，如图 2-28 所示。

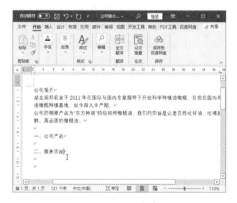

图 2-27　输入内容

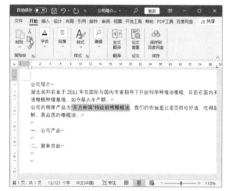

图 2-28　单击【复制】按钮

步骤03　将光标插入点定位在需要粘贴复制内容的位置，单击【开始】选项卡中的【粘贴】按钮，将所复制内容粘贴到目标位置，如图 2-29 所示。

步骤04　选择要移动的文本内容，单击【开始】选项卡中的【剪切】按钮，如图 2-30 所示。

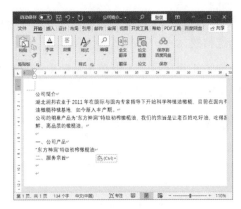

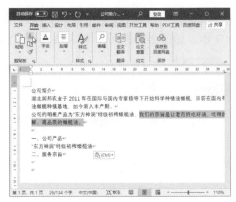

图 2-29　粘贴复制的文本　　　　　　图 2-30　单击【剪切】按钮

步骤05　将光标插入点定位在需要粘贴剪贴内容的位置，单击【开始】选项卡中的【粘贴】按钮，将所剪切内容粘贴到目标位置，如图 2-31 所示。

步骤06　修改段落末尾的标点符号，单击快速访问工具栏中的【保存】按钮，即可保存文档，如图 2-32 所示。

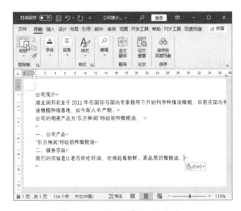

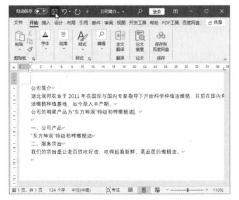

图 2-31　粘贴剪切的文本　　　　　　图 2-32　保存文档

2.4　查找和替换文本

Word 2021 有查找和替换功能，方便用户快速查找长文档中的某个词句、批量替换词语，提高用户的工作效率。

2.4.1　查找文本

如果想知道某个字、词或某句话是否出现在文档中，可以用 Word 中的"查找"功能进行查找。

1．使用【导航】窗格查找

Word 2021 内置【导航】窗格，使用该窗格，可实现文本的快速查找，具体操作如下。

（步骤01）打开"素材文件\第 2 章\现金管理 .docx"文档，在【开始】选项卡的【编辑】组中，单击【查找】命令，如图 2-33 所示。

（步骤02）打开【导航】窗格，在搜索框中输入要查找的文本内容，此时，文档中要查找的内容将全部突出显示，如图 2-34 所示。

图 2-33　单击【查找】命令

图 2-34　输入查找内容

> **温馨提示**
>
> 在【导航】窗格中，单击搜索框右侧的下拉按钮，在弹出的下拉列表中单击【选项】命令，即可在弹出的【"查找"选项】对话框中设置更精确的查找条件，如区分大小写、全字匹配等。

2．使用对话框查找

除了可以使用【导航】窗格查找文本内容，还可以使用【查找和替换】对话框进行查找，具体操作如下。

（步骤01）打开"素材文件\第 2 章\现金管理 .docx"文档，在 Word 文档的【开始】选项卡中，单击【编辑】组中的【查找】下拉按钮，在弹出的下拉列表中单击【高级查找】命令，如图 2-35 所示。

（步骤02）弹出【查找和替换】对话框，输入要查找的文本内容后，单击【查找下一处】按钮，如图 2-36 所示。此时，Word 会自动从光标插入点所在位置开始查找，找到第一个查找内容时，会以选中的形式显示该内容。

（步骤03）若继续单击【查找下一处】按钮，Word 会继续查找。查找完成后，弹出提示对话框提示完成搜索，单击【确定】按钮，如图 2-37 所示。

（步骤04）返回【查找和替换】对话框，单击【关闭】按钮，关闭该对话框，如图 2-38 所示。

图 2-35　单击【高级查找】命令

图 2-36　输入查找的文本内容

图 2-37　提示对话框

图 2-38　关闭【查找和替换】对话框

2.4.2　替换文本

当发现某个字或词全部输错时，可以使用 Word 的"替换"功能进行替换，以避免逐一修改的烦琐，具体操作如下。

步骤01　打开"素材文件 \ 第 2 章 \ 现金管理 .docx"文档，将光标插入点定位在文档中，单击【开始】选项卡【编辑】组中的【替换】命令，如图 2-39 所示。

步骤02　弹出【查找和替换】对话框，切换到【替换】选项卡，在【查找内容】文本框中输入查找内容，在【替换为】文本框中输入替换后的内容，单击【全部替换】按钮，如图 2-40 所示。

图 2-39　单击【替换】命令

图 2-40　【替换】选项卡

步骤03　Word 将自动进行替换操作，替换完成后，单击提示对话框中的【确定】

按钮，如图 2-41 所示。

步骤04 返回【查找和替换】对话框，单击【关闭】按钮，关闭该对话框，如图 2-42 所示。返回文档，即可查看替换文本后的效果。

图 2-41 替换完成　　　　　　　　　图 2-42 关闭【查找和替换】对话框

📖 课堂范例——快速更正"会议纪要"文档中的错误

以更正"会议纪要"文档中的错误为例，文档在输入时误输入了多个空行，本例使用搜索代码搜索文档中的空行，并用段落标记代码将其替换，具体操作如下。

步骤01 打开"素材文件\第2章\会议纪要.docx"文档，单击【开始】选项卡【编辑】组中的【替换】命令，如图 2-43 所示。

步骤02 弹出【查找和替换】对话框，在【查找内容】文本框中输入搜索代码"^P^P"，在【替换为】文本框中输入段落标记代码"^P"，单击【全部替换】按钮，如图 2-44 所示。

图 2-43 单击【替换】命令　　　　　　　图 2-44 【替换】选项卡

在 Word 2021 中，除了可以查找文本内容和特殊格式，还可以在搜索框中使用搜索代码查找文档中的特殊对象，例如，本例中，"^P"表示段落标记，"^P^P"则用于搜索空行。此外，还有一些常见的通配符，如"^$"表示任意英文字母、"^?"表示任意单个字符、"^#"表示任意数字、"^g"表示图形等。

步骤03 替换完成后，单击提示对话框中的【确定】按钮，如图 2-45 所示。

步骤04 返回【查找和替换】对话框，单击【关闭】按钮，返回文档。在返回的文档中，可以看到多余空行被替换后的效果，如图 2-46 所示。

图 2-45 替换完成

图 2-46 关闭【查找和替换】对话框

2.5 撤销与恢复操作

使用 Word 2021 编辑文档时，程序会自动记录所执行的操作，执行了错误操作时，可使用"撤销"功能撤销前一操作；误撤销了某些操作时，可使用"恢复"功能取消之前的撤销操作，使文档恢复到撤销操作前的状态。

2.5.1 撤销操作

编辑文档过程中，若出现误操作，如误删了一段文本、替换了不该替换的内容等，可以使用 Word 提供的"撤销"功能撤销操作，撤销操作的方法有以下几种。

（1）单击快速访问工具栏中的【撤销】按钮，可撤销上一步操作，继续单击该按钮，可撤销多步操作。

（2）单击【撤销】按钮右侧的下拉按钮，在弹出的下拉列表中，可选择撤销到某一指定的操作，如图 2-47 所示。

（3）按【Ctrl+Z】组合键或【Alt+Backspace】组合键，可撤销上一步操作，继续按该组合键，可撤销多步操作。

图 2-47 撤销到指定操作

2.5.2 恢复操作

撤销某一操作后，使用"恢复"功能，可以取消之前的撤销操作，恢复操作可以使用以下两种方法实现。

（1）单击快速访问工具栏中的【恢复】按钮 ，可恢复被撤销的上一步操作，继续单击该按钮，可恢复被撤销的多步操作。

（2）按【Ctrl+Y】组合键，可恢复被撤销的上一步操作，继续按该组合键，可恢复被撤销的多步操作。

2.5.3 重复操作

在没有进行任何撤销操作的情况下，【恢复】按钮会显示为【重复】按钮 ，单击【重复】按钮，可重复上一步操作。

例如，输入"会议纪要"后，单击【重复】按钮，可重复输入该内容，如图 2-48 所示。再如，对某文本设置字号后，选择其他文本，单击【重复】按钮，可对所选文本设置同样的字号，如图 2-49 所示。

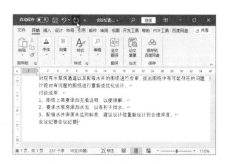

图 2-48　重复输入内容

图 2-49　重复设置字体格式

🗣 课堂问答

问题❶：如何输入上标或下标

答：编辑 Word 文档时，可能遇到需要输入平方数或分子式等特殊内容的情况，涉及上标和下标符号的输入。输入上标或下标的方法很简单：选择要设置为上标或下标的数字或符号，单击【字体】组中的【上标】按钮 或【下标】按钮 即可。例如，输入"H2O"，选择数字"2"，单击【下标】按钮 ，即可变为"H_2O"。

问题❷：如何一次性清除所有格式

答：对文本设置各种格式后，如果需要还原为默认格式，可使用"清除格式"功能。选择需要清除格式的文本，单击【字体】选项组中的【清除格式】按钮 ，之前设置的所有字体、颜色等格式即可被清除，还原为默认格式。

📁 **上机实战——制作"会议通知"文档**

通过对本章内容的学习，相信读者已掌握了在 Word 2021 中输入与编辑文档内容的方法。下面，我们以制作"会议通知"文档为例，讲解输入与编辑内容的综合技能应用。

效果展示

"会议通知"文档素材如图 2-50 所示，效果如图 2-51 所示。

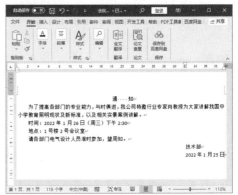

图 2-50　素 材　　　　　　　　　　图 2-51　效 果

思路分析

输入文本内容后，为了让文档看起来更加整洁美观，可以使用空格键对文档进行简单的排版。本例使用空格键设置标题文本居中排列、正文每个段落开始处空 2 个字符、结尾行居右排列，使用【插入】对话框插入日期，完成对"会议通知"文档的简单排版。

制作步骤

步骤01　打开"素材文件 \ 第 2 章 \ 会议通知 .docx"文档，如图 2-52 所示。

步骤02　将光标插入点定位在文档开头处，按下空格键，将标题内容居中排列，随后，将光标插入点定位在"通知"二字中间，按下空格键将其隔开，如图 2-53 所示。

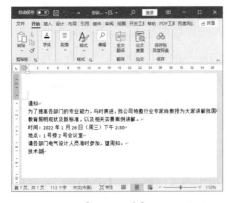
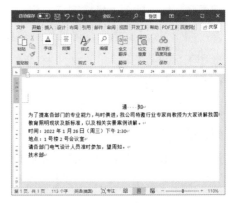

图 2-52　原 文　　　　　　　　　图 2-53　调整标题位置

步骤03　通过同样的方法，使用空格键在正文每个段落开始处输入 2 个字符的空格，并将最后一行居右排列，如图 2-54 所示。

步骤04　将光标插入点定位在文档末尾，按下【Enter】键，切换到下一行。切换到【插入】选项卡，单击【文本】组中的【日期和时间】命令，如图 2-55 所示。

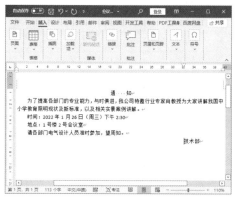

图 2-54　排列段落

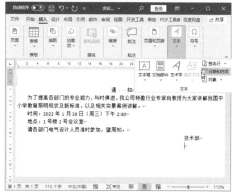

图 2-55　单击【日期和时间】命令

步骤05　弹出【日期和时间】对话框，在【可用格式】列表框中选择需要的日期格式，单击【确定】按钮，如图 2-56 所示。

步骤06　返回 Word 文档，即可看到最终效果，如图 2-57 所示。单击快速访问工具栏中的【保存】按钮，即可保存文档。

图 2-56　选择日期格式

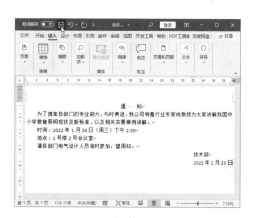

图 2-57　查看最终效果

同步训练——制作"考勤管理制度"文档

完成对上机实战案例的学习后，为了提高大家的动手能力，下面安排一个同步训练案例，以期达到举一反三、触类旁通的学习效果。

图解流程

同步训练案例的流程图解如图 2-58 所示。

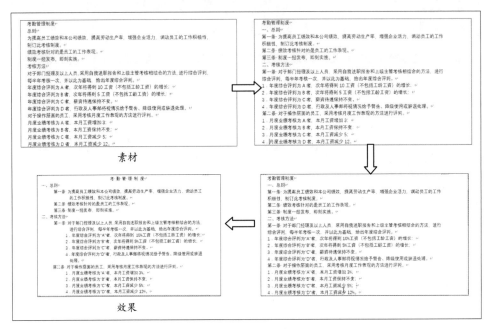

图 2-58　流程图解

思路分析

制度类文档通常涉及许多条款，用项目符号或编号对文档进行编排，可以让其显得条理清晰。本例先对不同内容添加不同编号样式，再添加符号，最后设置文档排列方式。

关键步骤

步骤01　打开"素材文件\第 2 章\考核管理制度.docx"文档，如图 2-59 所示。

步骤02　将光标插入点定位在文本"总则"之前，输入"一、"，接着定位在文本"考核方法"之前，输入"二、"，完成对第一级编号的添加，如图 2-60 所示。

图 2-59　原文

图 2-60　添加一级编号

步骤03　将光标插入点定位在需要编号的文本前，添加第二级编号，效果如图 2-61 所示。

步骤04　将光标插入点定位在需要编号的文本前，添加第三级编号，效果如图 2-62 所示。

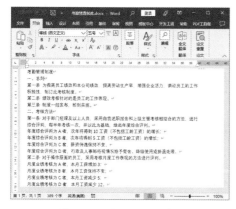

图 2-61　添加二级编号

图 2-62　添加三级编号

步骤05　将光标插入点定位在需要符号的数字后，配合使用【Shift】键，输入需要的符号，如图 2-63 所示。

步骤06　将光标插入点定位在需要空格的文本前，按下空格键，设置排列方式，最终效果如图 2-64 所示。

图 2-63　输入符号

图 2-64　设置文本排列方式

📝 知识能力测试

本章讲解了在 Word 文档中对文本进行输入、选择、移动、复制、查找、撤销等编辑的操作，为对知识进行巩固和考核，布置相应的练习题。

一、填空题

1. 在 Word 文档中，按＿＿＿＿组合键，可以将光标插入点快速移动到文档开头；按＿＿＿＿

组合键，可以将光标插入点快速移动到文档末尾。

2．编辑 Word 文档时，按_____组合键可撤销上一步操作，按_____组合键可恢复被撤销的上一步操作。

3．在 Word 文档中选择文本时，将鼠标指针移到编辑区左侧空白处，当鼠标指针呈"⚐"形状时，单击鼠标左键可选择_____，双击鼠标左键可选择_____，连击鼠标左键 3 次可选择_____。

二、选择题

1．使用通配符查找文档内容时，（　　）表示任意单个字符。

　　A．^?　　　　　　　B．^P　　　　　　　C．^$　　　　　　　D．^#

2．在 Word 文档中输入标点符号时，在主键盘区按（　　）组合键，可快速输入问号"？"。

　　A．【Shift+/】　　　B．【Ctrl+/】　　　C．【Alt+/】　　　D．【Ctrl+;】

3．在 Word 文档中，选择文本内容后按（　　）组合键，可快速复制当前内容；将光标插入点定位在目标位置，按（　　）组合键，可快速粘贴内容。

　　A．【Ctrl+S】　　　B．【Ctrl+X】　　　C．【Ctrl+C】　　　D．【Ctrl+V】

三、简答题

1．请简单回答移动文本和复制文本的区别。

2．键盘上有很多常用的标点符号，如何输入这些常用的标点符号？

Office
2021

第 3 章
Word 文档的格式设置

　　如果希望制作的文档更加规范、条理更加清晰，完成对内容的输入后，还需要进行必要的格式设置，如设置文本格式、段落格式，修改页面设置等。本章具体介绍文档格式的设置方法。

学习目标

- 熟练掌握字体格式的设置方法
- 熟练掌握段落格式的设置方法
- 熟练掌握编号和项目符号的设置方法
- 熟练掌握页面的设置方法
- 熟练掌握页眉 / 页脚的设置方法

3.1 设置字体格式

在 Word 2021 文档中输入文本内容后，默认显示的字体为"等线（中文正文）"，字号为"五号"，字体颜色为黑色。如果用户对 Word 默认的字体格式不满意，可以根据自己的需要自定义字体格式。

3.1.1 设置字体和字号

如果用户对程序默认的字体和字号不满意，可以使用下面几种方法自定义设置。

（1）使用【开始】选项卡设置，具体操作如下。

步骤01 打开"素材文件\第3章\会议纪要.docx"文档，选择要设置字体的文本，在【开始】选项卡的【字体】组中，单击【字体】文本框右侧的下拉按钮，如图3-1所示。

步骤02 在弹出的下拉列表中，可以看到多种可供选择的字体，选择需要的字体，如图3-2所示。

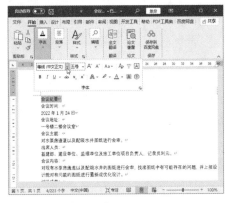

图 3-1　单击【字体】文本框右侧的下拉按钮

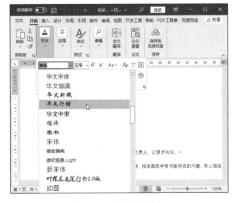

图 3-2　选择字体

步骤03 保持当前文本的选中状态，单击【字号】文本框右侧的下拉按钮，在弹出的下拉列表中选择需要的字号，如图3-3所示。

除了可以使用【开始】选项卡进行设置外，还可以使用快捷菜单和浮动工具栏进行设置。

（2）使用快捷菜单设置：右击选择的文本，在弹出的快捷菜单中单击【字体】命令，弹出【字体】对话框，设置需要的字体和字号后，单击【确定】按钮，如图3-4所示。

图 3-3　选择字号

（3）使用浮动工具栏设置：选择需要设置字体格式的文本后，Word 中会自动显示浮动工具栏，单击【字体】或【字号】右侧的下拉按钮，即可在弹出的下拉列表中选择需要的字体或字号，如图 3-5 所示。

图 3-4　使用快捷菜单设置

图 3-5　使用浮动工具栏设置

3.1.2　设置字形

字形是文字的字符格式，Word 2021 内置多个命令按钮，用于对文字的字形效果进行设置，如加粗、倾斜、下划线及字符底纹等，具体操作如下。

步骤01　选择要设置字符格式的文本，单击【开始】选项卡【字体】组中的【加粗】按钮 B，如图 3-6 所示。

步骤02　保持当前文本的选中状态，单击【字体】组中的【倾斜】按钮 I，如图 3-7 所示。

图 3-6　设置加粗效果

图 3-7　设置倾斜效果

步骤03　选择要添加下划线的文本，单击【字体】组中【下划线】按钮 U 右侧的下拉按钮，在弹出的下拉列表中根据需要选择下划线类型，如图 3-8 所示。

步骤04　保持当前文本的选中状态，单击【字体颜色】按钮 A 右侧的下拉按钮，在弹出的下拉列表中选择需要的字体颜色，如图 3-9 所示。

图 3-8　添加下划线

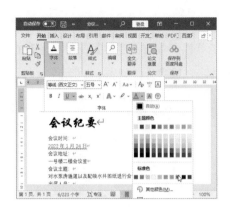

图 3-9　设置字体颜色

步骤05　保持当前文本的选中状态，单击【字体】组中的【字符底纹】按钮 A，如图 3-10 所示。

步骤06　选择需要设置"带圈字符"效果的文本，单击【字体】组中的【带圈字符】按钮⊕，如图 3-11 所示。

图 3-10　添加字符底纹

图 3-11　单击【带圈字符】按钮

步骤07　弹出【带圈字符】对话框，单击【样式】选项区域中的【增大圈号】图标，在【圈号】选项区域中选择需要的选项，完成设置后，单击【确定】按钮，如图 3-12 所示。

步骤08　返回 Word 文档，即可看到设置带圈字符后的效果，如图 3-13 所示。

图 3-12　【带圈字符】对话框

图 3-13　查看带圈字符效果

步骤09　选择需要设置字符边框的文本，单击【字体】组中的【字符边框】按钮，如图 3-14 所示。

步骤10　设置完成后，取消选中状态，即可查看最终效果，如图 3-15 所示。

图 3-14　添加字符边框

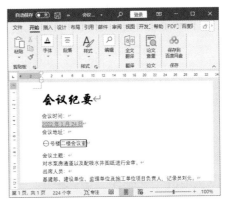

图 3-15　查看字符边框设置效果

3.1.3　设置字符间距

字符间距指各字符间的距离，通过调整字符间距，可使文字排列得更紧凑或更分散。合理设置字符间距，可以让文档版面更加协调，具体操作如下。

步骤01　选择要设置字符间距的文本，单击【字体】组中的【字体】按钮，如图 3-16 所示。

步骤02　弹出【字体】对话框，切换到【高级】选项卡，在【间距】下拉列表框中选择间距类型，如"加宽"，在右侧的【磅值】微调框中设置间距大小，设置完成后，单击【确定】按钮，如图 3-17 所示。

图 3-16　单击【字体】组中的【字体】按钮

图 3-17　设置字符间距

步骤03　返回 Word 文档，即可查看最终效果，如图 3-18 所示。

图 3-18　查看字符间距设置效果

课堂范例——制作"谢绝推销"门贴

在 Word 2021 中使用选项卡或者【字体】对话框设置字体大小时，默认的最大字号为"72（磅）"或"初号"，若用户需要使用更大的文字，可以直接在【字号】列表框中输入需要的字号。下面以制作"谢绝推销"门贴为例，介绍设置字体、字体颜色和特大号字号的方法。

步骤01　打开"素材文件\第3章\门贴.docx"文档，在文档中输入文本"谢绝推销"并将其选中，在【开始】选项卡【字体】组的【字号】下拉列表框中，直接输入需要的字号，如"170"，如图 3-19 所示。

步骤02　按下【Enter】键确认，即可看到设置字号后的效果。保持文本为选中状态，单击【字体】文本框右侧的下拉按钮，在弹出的下拉列表中选择需要的字体，本例选择【黑体】，如图 3-20 所示。

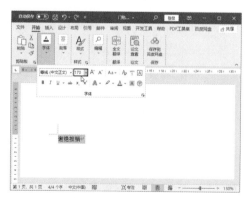

图 3-19　设置字号

图 3-20　设置字体

步骤03　保持文本为选中状态，单击【字体颜色】按钮右侧的下拉按钮，在弹出的下拉列表中选择需要的字体颜色，本例选择【红色】，如图 3-21 所示。

步骤04　返回 Word 文档，即可看到为门贴设置的字体、特大字号和字体颜色的效果，如图 3-22 所示。

 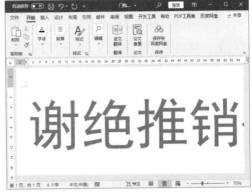

图 3-21 设置字体颜色　　　　　　　图 3-22 查看最终效果

温馨
提示
【字号】下拉列表框中的字号为八号到初号，或 5 磅到 72 磅，这对于一般的办公文档来说足够了，
但在一些特殊情况下，如打印海报、标语或大横幅时，需要更大的字号。用户输入字号数值时，只
能输入磅值，且磅值必须为 1~1638。

3.2 设置段落格式

对文档进行排版时，通常以段落为基本单位完成操作。段落的格式设置主要包
括缩进、对齐、行距、边框、底纹等，通过合理设置段落格式，可以使文档结构清晰、
层次分明。

3.2.1 设置段落缩进

为了增强文档的层次感，提高可阅读性，可以对段落设置合适的缩进。段落的缩进
方式有左缩进、右缩进、首行缩进和悬挂缩进 4 种。

（1）左缩进：指整个段落左边界距离页面左侧有一定的缩进量。

（2）右缩进：指整个段落右边界距离页面右侧有一定的缩进量。

（3）首行缩进：指段落首行第 1 个字符的起始位置距离页面左侧有一定的缩进量。
首行缩进是大多数文档段落常用的缩进方式，缩进量通常为 2 个字符。

（4）悬挂缩进：指段落中除首行以外的其他行距离页面左侧有一定的缩进量。悬挂
缩进一般用于一些较特殊的排版，如杂志排版、报纸排版等。

以"首行缩进 2 字符"为例进行介绍，具体操作如下。

步骤01　打开"素材文件 \ 第 3 章 \ 会议纪要 1.docx"文档，在文档中选择需要

设置缩进的段落，或将光标插入点定位在需要设置缩进的段落中，单击【开始】选项卡【段落】组中的【段落设置】按钮，如图 3-23 所示。

步骤02 弹出【段落】对话框，在【特殊】下拉列表框中选择【首行】选项，在【缩进值】微调框中将值设置为【2 字符】，如图 3-24 所示，完成后单击【确定】按钮。

图 3-23 单击【段落设置】按钮

图 3-24 设置缩进方式

步骤03 返回 Word 文档，即可看到设置缩进后的段落效果，如图 3-25 所示。

图 3-25 查看设置效果

3.2.2 设置对齐方式

对齐方式指段落在文档中的相对位置，段落的对齐方式有左对齐、居中对齐、右对齐、两端对齐和分散对齐 5 种，不同效果如图 3-26 所示。

图 3-26 5 种对齐方式

在图 3-26 中，"左对齐"与"两端对齐"没有什么区别，但当行尾因输入较长的英文单词而被迫换行时，这两种对齐方式的区别就出来了：使用"左对齐"方式，文本内容会按照不满页宽的方式进行排列；使用"两端对齐"方式，文本内容的距离将被拉开，自动填满页面。两种对齐方式的效果如图 3-27 所示。

图 3-27　左对齐和两端对齐效果

默认情况下，段落的对齐方式为两端对齐，若需要更改为其他对齐方式，具体操作如下。

步骤01　选择要设置对齐方式的段落，单击【开始】选项卡【段落】组中目标对齐方式对应的按钮，如【居中】按钮 ≡，如图 3-28 所示。

步骤02　此时，文档中所选文本可快速应用所选的对齐方式，效果如图 3-29 所示。

图 3-28　单击【居中】按钮

图 3-29　居中对齐效果

3.2.3　设置段间距和行间距

为了使整个文档看起来疏密有致，可对段落设置合适的间距和行距。其中，间距指相邻两个段落之间的距离，行距指段落中行与行之间的距离。

快速设置行距的方法：选择要设置行距的段落，单击【段落】组中的【行和段落间距】按钮 ≡，在弹出的下拉列表中选择需要的行距，如图 3-30 所示。

图 3-30 选择需要的行距

此外，还可以使用【段落】对话框更精确地设置段落间距和行距，具体操作如下。

步骤01 选择需要设置间距的段落，单击【开始】选项卡【段落】组中的【段落设置】按钮，如图 3-31 所示。

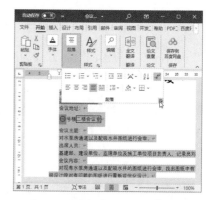

图 3-31 单击【段落设置】按钮

步骤02 弹出【段落】对话框，在【间距】栏设置段前、段后间距，如图 3-32 所示。

步骤03 单击【行距】文本框右侧的下拉按钮，在弹出的下拉列表中选择需要的行距，单击【确定】按钮，如图 3-33 所示。

图 3-32 设置段前、段后间距

图 3-33 设置行距

步骤04 返回 Word 文档，即可看到设置段落间距和行距后的效果，如图 3-34 所示。

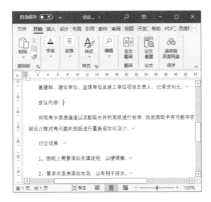

图 3-34 查看设置效果

课堂范例——设置"通知"文档段落格式

在文档中输入文本内容后，为了让文档更加美观，可以调整文本内容的对齐方式，以及段落的缩进和间距。以设置"通知"文档的段落格式为例，具体操作如下。

步骤01 打开"素材文件 \ 第 3 章 \ 通知 .docx"文档，选择标题内容，单击【开始】选项卡【段落】组中的【居中】按钮，设置标题文本居中对齐，如图 3-35 所示。

步骤02 选择要设置段落格式的段落，单击【段落设置】按钮，如图 3-36 所示。

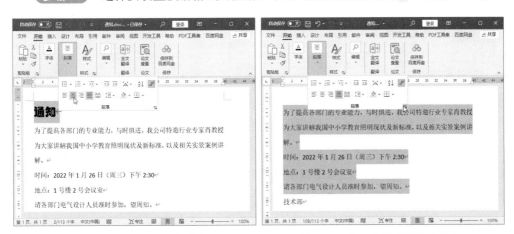

图 3-35 设置标题居中对齐   图 3-36 单击【段落设置】按钮

步骤03 弹出【段落】对话框，在【缩进】栏中，单击【特殊】下拉列表框，选择【首行】选项，将【缩进值】设为【2 字符】，在【间距】栏中，根据需要设置段间距和行距，设置完成后单击【确定】按钮，如图 3-37 所示。

步骤04 将光标插入点定位在文档末尾的段落中，单击【开始】选项卡【段落】组中的【右对齐】按钮，如图 3-38 所示，设置完成后保存文档。

图 3-37　设置正文段落格式

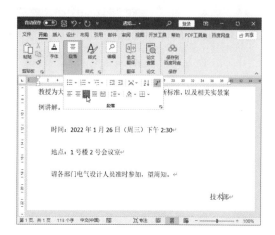

图 3-38　设置落款对齐方式

3.3　设置编号和项目符号

为了更加清晰地显示文档的结构与文本内容间的关系，用户可在文档中的各个要点前添加编号或项目符号，增加文档的条理性。

3.3.1　添加编号

默认情况下，在以"一、""1．""A．"等编号开始的段落中，按下【Enter】键换到下一段时，下一段段首会自动产生连续的编号。如果需要对已经输入的段落添加编号，可以单击【段落】组中的【编号】按钮，具体操作如下。

步骤01　打开"素材文件\第3章\会议纪要2.docx"文档，将光标插入点定位在需要添加编号的段落中，单击【段落】组中【编号】按钮右侧的下拉按钮，在弹出的下拉列表中选择需要的编号样式，如图3-39所示。

图 3-39　选择需要的编号样式

步骤02　双击【开始】选项卡【剪贴板】组中的【格式刷】按钮，复制设置的编号样式，如图3-40所示。

步骤03　选择需要应用编号样式的段落，即可将刚设置的编号样式应用到目标段落中，如图 3-41 所示，应用完成后，按下【Esc】键，即可退出格式刷状态。

图 3-40　双击【格式刷】按钮

图 3-41　使用格式刷应用编号样式

技能拓展

在编号样式所在段落的末尾按下【Enter】键，下一个段落中将自动出现下一个编号，此时，按【Ctrl+Z】组合键或再次按下【Enter】键，可取消自动产生的编号。

3.3.2　添加项目符号

项目符号指添加在段落前的符号，一般用在有并列关系的段落中。为段落添加项目符号后，可以更加直观、清晰地查看文本，具体操作如下。

步骤01　打开文档，选择需要添加项目符号的段落，在【开始】选项卡的【段落】组中，单击【项目符号】按钮右侧的下拉按钮，在弹出的下拉列表中，单击需要的项目符号样式，即可应用项目符号，如图 3-42 所示。

步骤02　如果没有在下拉列表中找到合适的项目符号，可以单击【定义新项目符号】命令，如图 3-43 所示。

图 3-42　应用项目符号

图 3-43　单击【定义新项目符号】命令

步骤03 弹出【定义新项目符号】对话框，单击【符号】按钮，如图 3-44 所示。

步骤04 在弹出的【符号】对话框中选择需要的项目符号样式，单击【确定】按钮，如图 3-45 所示。

图 3-44 单击【符号】按钮

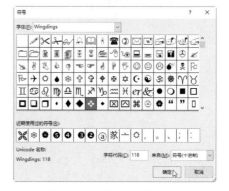

图 3-45 选择项目符号样式

步骤05 返回【定义新项目符号】对话框，单击【确定】按钮，如图 3-46 所示。

步骤06 返回 Word 文档，即可看到自定义项目符号样式的效果，如图 3-47 所示。

图 3-46 单击【确定】按钮

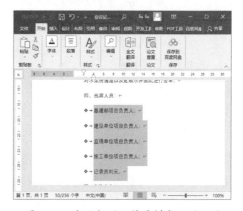

图 3-47 应用新项目符号样式后的效果

课堂范例——为"岗位分工制度"文档添加编号和项目符号

在编辑合同、管理制度、论文等相关文档时，为了让文档看起来条理更加清晰，可以为其添加编号和项目符号。以"岗位分工制度"文档为例，介绍在 Word 中添加编号和项目符号的方法，具体操作如下。

步骤01 打开"素材文件\第 3 章\岗位分工制度 .docx"文档，将光标插入点定位在需要添加编号的段落中，单击【段落】组中【编号】按钮右侧的下拉按钮，在弹出的下拉列表中选择需要的编号样式，如图 3-48 所示。

步骤02 如果下拉列表中没有合适的编号样式，可以单击【定义新编号格式】命令，如图 3-49 所示。

图 3-48　选择需要的编号样式　　　　图 3-49　单击【定义新编号格式】命令

步骤03　弹出【定义新编号格式】对话框，在【编号样式】下拉列表框中选择需要的编号样式，本例选择【一，二，三（简）…】，此时，【编号格式】文本框中将出现"一."字样，且以带灰色底色的形式显示，将"一"后面的"."删除，在"一"前面输入"第"字、后面输入"条"字，单击【确定】按钮，如图 3-50 所示。

步骤04　返回 Word 文档，保持段落为选中状态，再次单击【编号】按钮右侧的下拉按钮，在弹出的下拉列表中选择刚才设置的编号格式，如图 3-51 所示。

图 3-50　自定义编号样式　　　　图 3-51　应用新编号格式

步骤05　选择需要添加项目符号的段落，在【开始】选项卡的【段落】组中，单击【项目符号】按钮右侧的下拉按钮，在弹出的下拉列表中，单击需要的项目符号样式，即可应用该项目符号，如图 3-52 所示。

步骤06　如果下拉列表中没有合适的项目符号，可以单击【定义新项目符号】命令，如图 3-53 所示。

步骤07　弹出【定义新项目符号】对话框，单击【符号】按钮，如图 3-54 所示。

步骤08　在弹出的【符号】对话框中选择需要的项目符号样式，单击【确定】按钮，如图 3-55 所示。

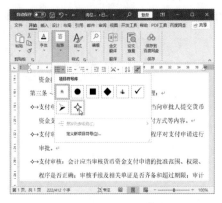

图 3-52　应用项目符号

图 3-53　单击【定义新项目符号】命令

图 3-54　单击【符号】按钮

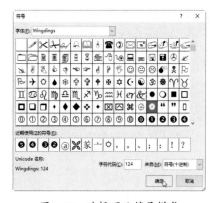

图 3-55　选择项目符号样式

步骤09　返回【定义新项目符号】对话框，单击【字体】按钮，如图 3-56 所示。

步骤10　根据需要，在弹出的【字体】对话框中设置项目符号的颜色和字体，完成设置后单击【确定】按钮，如图 3-57 所示。

图 3-56　单击【字体】按钮

图 3-57　设置项目符号的颜色和字体

步骤11　返回【定义新项目符号】对话框，预览项目符号效果后，单击【确定】按钮，如图 3-58 所示。

步骤12　返回 Word 文档，即可看到应用自定义项目符号样式后的效果，如图 3-59 所示。

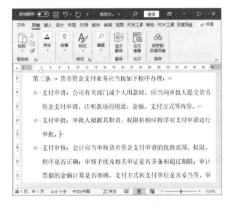

图 3-58　单击【确定】按钮　　　　图 3-59　应用新项目符号样式后的效果

3.4　页面设置

将 Word 文档制作好后，用户可以根据实际需要对页面格式进行相应设置，主要包括设置纸张大小、纸张方向、页边距等。

3.4.1　设置纸张大小和方向

Word 2021 提供了"纵向"和"横向"两种纸张方向供用户选择，默认设置为"纵向"，如果用户需要更改纸张方向，方法很简单：切换到【布局】选项卡，单击【页面设置】组中【纸张方向】右侧的下拉按钮，在弹出的下拉列表中选择需要的纸张方向，如图 3-60 所示。

图 3-60　设置纸张方向

此外，为了使打印出来的文档有良好的显示效果，可以根据实际情况对纸张的大小进行设置，具体操作如下。

步骤01 切换到【布局】选项卡，单击【页面设置】组中【纸张大小】右侧的下拉按钮，在弹出的下拉列表中选择需要的纸张大小，即可将其快速应用到文档中，如图3-61所示。

步骤02 若列表中没有合适的选项，可单击【其他纸张大小】命令，如图3-62所示。

图 3-61 设置纸张大小

图 3-62 单击【其他纸张大小】命令

步骤03 弹出【页面设置】对话框，切换到【纸张】选项卡，分别自定义【宽度】和【高度】，设置完成后单击【确定】按钮，如图3-63所示。

图 3-63 自定义纸张大小

3.4.2 设置页边距

文档的版心主要指文档的正文部分，在设置页面属性的过程中，用户可以通过对页面边距进行设置，达到调整版心大小的目的，具体操作如下。

步骤01 单击【布局】选项卡中的【页边距】下拉按钮，在弹出的下拉列表中，选择页边距样式，如图3-64所示。

步骤02 若需要输入精确的数值，可以在弹出的下拉列表中单击【自定义页边距】命令，如图 3-65 所示。

图 3-64　选择页边距样式

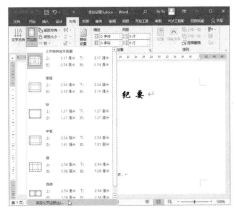

图 3-65　单击【自定义页边距】命令

步骤03 弹出【页面设置】对话框，在【页边距】组中，分别显示了上、下、左、右四个页边距的数值，用户可以直接输入数值进行更改，设置完成后单击【确定】按钮，如图 3-66 所示。

步骤04 返回 Word 文档，即可查看自定义页边距后的效果，如图 3-67 所示。

图 3-66　自定义页边距

图 3-67　查看页边距效果

3.4.3　设置分栏

当文档中文字较多、不便阅读时，可以进行分栏排版，将版面分成多个板块，使整个页面更具观赏性。

步骤01 选择要设置分栏排版的内容，切换到【布局】选项卡，单击【页面设置】

组中【栏】按钮右侧的下拉按钮，在弹出的下拉列表中选择需要的分栏数，如图 3-68 所示。

步骤02　此时，即可在文档中看到设置分栏后的效果，如图 3-69 所示。

图 3-68　选择分栏数

图 3-69　查看分栏效果

步骤03　默认情况下，分栏后每栏的宽度和间距是相同的，若需要自定义宽度和间距，可在【栏】下拉列表中单击【更多栏】命令，如图 3-70 所示。

步骤04　弹出【栏】对话框，在【栏数】微调框中设置分栏栏数，取消勾选【栏宽相等】复选框，根据需要自定义各栏的宽度和间距，设置完成后单击【确定】按钮，如图 3-71 所示。

图 3-70　单击【更多栏】命令

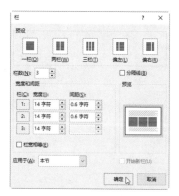

图 3-71　自定义各栏的宽度和间距

步骤05　返回 Word 文档，即可看到自定义分栏后的效果，如图 3-72 所示。

图 3-72　查看自定义分栏后的效果

课堂范例——设置"现金管理制度"文档页面格式

许多用户完成文档制作后需要将其打印出来保存或使用，为了让打印效果最大程度地满足实际需求，用户可以在打印前进行页面设置，如设置纸张大小、方向和页边距等。以制作"现金管理制度"文档为例，介绍设置页面格式的方法，具体操作如下。

步骤01　打开"素材文件 \ 第 3 章 \ 现金管理制度 .docx"文档，切换到【布局】选项卡，单击【页面设置】组中的【纸张方向】下拉按钮，在弹出的下拉列表中单击【横向】命令，如图 3-73 所示。

步骤02　单击【页面设置】组中的【纸张大小】下拉按钮，在弹出的下拉列表中选择需要的纸张大小，如图 3-74 所示。

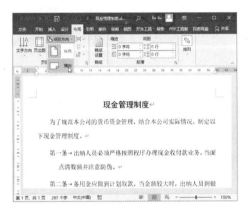

图 3-73　选择纸张方向

图 3-74　选择纸张大小

步骤03　单击【页面设置】组中的【页边距】下拉按钮，在弹出的下拉列表中选择需要的页边距样式，如图 3-75 所示。

步骤04　返回 Word 文档，即可看到进行页面格式设置后的效果，如图 3-76 所示。

图 3-75　选择页边距样式

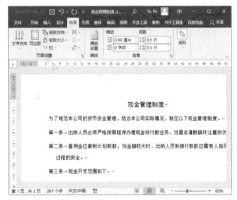

图 3-76　查看页面效果

3.5 页眉和页脚设置

顾名思义，页眉在页面的顶部区域，页脚在页面的底部区域。通常情况下，页眉用来显示书名和章节名，页脚用来显示页码，设置页眉和页脚，可起到美化文档的作用。

3.5.1 插入页眉和页脚

Word 2021 内置多种实用的页眉／页脚样式，套用这些内置样式，可以快速制作专业文档。

步骤01 打开"素材文件\第3章\会议纪要4.docx"文档，切换到【插入】选项卡，单击【页眉和页脚】组中的【页眉】下拉按钮，在弹出的下拉列表中选择需要的页眉样式，如图 3-77 所示。

步骤02 所选的页眉样式将添加到页面顶端，同时，文档进入页眉编辑状态。单击占位符，输入页眉内容，并根据需要设置页眉的字体格式，如图 3-78 所示。

图 3-77　选择页眉样式

图 3-78　输入页眉内容

步骤03 将光标插入点定位在页脚编辑区，单击【页眉和页脚】组中的【页脚】下拉按钮，在弹出的下拉列表中选择需要的页脚样式，如图 3-79 所示。

步骤04 根据需要输入页脚内容，本例为输入时间页脚，此时，单击【日期】选项右侧的下拉按钮，即可在弹出的日历表中选择时间，如图 3-80 所示。

步骤05 编辑完成后，单击【页眉和页脚】选项卡中的【关闭页眉和页脚】按钮，如图 3-81 所示。

步骤06 返回 Word 文档，即可看到设置页眉和页脚后的效果，如图 3-82 所示。

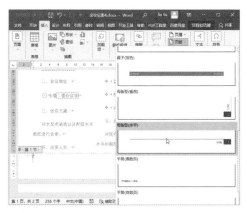

图 3-79　选择页脚样式

图 3-80　设置页脚内容

图 3-81　单击【关闭页眉和页脚】按钮

图 3-82　查看页眉和页脚效果

3.5.2　插入页码

若文档中包含多页内容，为了便于打印后整理和阅读，可以为文档添加页码。Word 2021 内置的页眉 / 页脚样式中，许多样式自带页码，应用样式，即可自动添加页码。对于没有页码样式的文档，或是新建的空白文档，手动添加页码的具体操作如下。

步骤01　打开"素材文件\第 3 章\岗位分工制度 1.docx"文档，切换到【插入】选项卡，单击【页眉和页脚】组中的【页码】下拉按钮，在弹出的下拉列表中选择页码位置，在弹出的级联列表中选择需要的页码样式，如图 3-83 所示。

步骤02　此时，页面中将显示插入的页码样式，设置完成后，单击【关闭页眉和页脚】按钮，如图 3-84 所示。

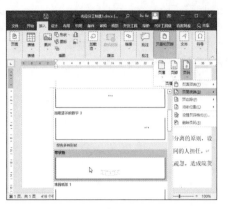

图 3-83　选择页码样式　　　　　　　　图 3-84　退出页眉/页脚编辑状态

课堂范例——为"现金管理制度"文档添加页眉/页脚

论文和管理制度类型的文档，通常文字较多且枯燥，为了改善读者的阅读体验，可以为文档添加页眉/页脚。以"现金管理制度"文档为例，介绍添加页眉/页脚的方法，具体操作如下。

步骤01　打开"素材文件\第3章\现金管理制度1.docx"文档，切换到【插入】选项卡，单击【页眉和页脚】组中的【页眉】按钮，在弹出的下拉列表中选择需要的页眉样式，如图3-85所示。

步骤02　进入页眉编辑状态，删除占位符，输入需要显示在页眉位置的标题内容并将其选中，单击【开始】选项卡中的【字体设置】按钮，如图3-86所示。

图 3-85　选择页眉样式　　　　　　　　图 3-86　输入页眉内容

步骤03　弹出【字体】对话框，设置字体和字号后，单击【确定】按钮，如图3-87所示。

步骤04　单击【页眉和页脚】选项卡中的【页码】下拉按钮，在弹出的下拉列表中选择页码位置，在弹出的级联列表中选择需要的页码样式，如图3-88所示。

图 3-87　设置页眉字体格式

图 3-88　选择页码样式

步骤05 设置完成后，单击【关闭页眉和页脚】按钮，退出页眉 / 页脚编辑状态，如图 3-89 所示。

步骤06 返回 Word 文档，即可看到设置页眉 / 页脚后的效果，如图 3-90 所示。

图 3-89　退出页眉 / 页脚编辑状态

图 3-90　浏览效果

课堂问答

问题❶：如何添加水印

答：添加水印，指将文本或图片以水印的形式设置为页面背景。以添加文字水印为例，方法：切换到【设计】选项卡，单击【页面背景】组中的【水印】下拉按钮，在弹出的下拉列表中选择需要的水印样式即可，如图 3-91 所示；若下拉列表中没有需要的水印样式，可单击【自定义水印】命令，在弹出的【水印】对话框中选择【文字水印】单选钮，在下方编辑要显示的水印文字及其字体、字号、颜色和版式，设置完成后单击【确定】按钮即可，如图 3-92 所示。

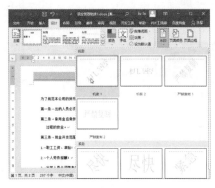

图 3-91　选择水印样式　　　　　　　图 3-92　自定义文字水印

问题❷：如何设置奇偶页不同的页眉和页脚

答：通常情况下，应用内置页眉/页脚样式后，文档每一页的页眉/页脚样式是相同的，如果要设置奇偶页不同的页眉/页脚样式，方法很简单：添加页码后，自动进入页眉/页脚编辑状态，在【页眉和页脚】选项卡的【选项】组中勾选【奇偶页不同】复选框，如图 3-93 所示，分别为奇数页与偶数页设置不同样式的页眉/页脚并编辑相应内容即可。

图 3-93　勾选【奇偶页不同】复选框

📷 上机实战——制作"员工守则"文档

通过对本章内容的学习，相信读者已掌握了在 Word 2021 中设置文档内容的字体格式和段落格式的方法。下面我们以制作"员工守则"文档为例，讲解字体格式和段落格式的综合技能应用。

效果展示

"员工守则"文档素材如图 3-94 所示，效果如图 3-95 所示。

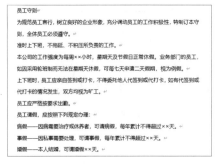

图 3-94　素材　　　　　　　　　　　图 3-95　效果

"员工守则"文档通常为纯文本文档，制作这类文档时，需要将内容清晰地列出来。本例通过设置项目符号和编号，让文档显得条理清晰。

步骤01　打开"素材文件\第 3 章\员工守则 .docx"文档，如图 3-96 所示。

步骤02　选择第一行标题文本，单击【开始】选项卡【段落】组中的【居中对齐方式】按钮，如图 3-97 所示。

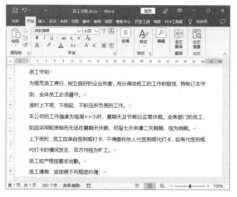

图 3-96　打开文档

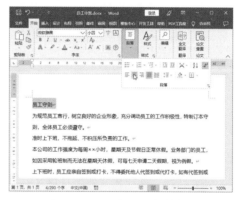

图 3-97　设置标题居中对齐

步骤03　保持标题文字为选中状态，在【字体】组中设置字体、字号和颜色等字体格式，如图 3-98 所示。

步骤04　选择正文内容，在【开始】选项卡的【段落】组中，单击右下角的【段落设置】按钮，如图 3-99 所示。

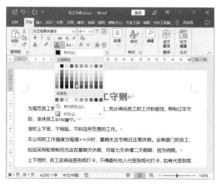

图 3-98　设置标题字体格式

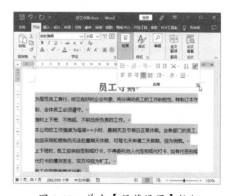

图 3-99　单击【段落设置】按钮

步骤05　弹出【段落】对话框，切换到【缩进和间距】选项卡，在【缩进】栏中的【特殊】下拉列表框中选择【首行】选项，在右侧的【缩进值】微调框中将值设置为【2 字符】，随后，在【间距】栏中设置段间距，本例将【段前】和【段后】间距均设置为【0.5 行】，如图 3-100 所示，设置完成后，单击【确定】按钮。

步骤06　选择要添加编号的文本，单击【段落】组中的【编号】下拉按钮，在弹出的下拉列表中选择需要的编号样式，如图 3-101 所示。

图 3-100　设置段落格式

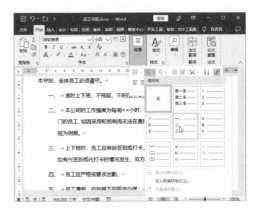

图 3-101　设置编号样式

步骤07　选择要添加项目符号的文本，单击【段落】组中的【项目符号】下拉按钮，在弹出的下拉列表中选择需要的项目符号样式，如图 3-102 所示。

步骤08　返回 Word 文档，即可看到设置后的最终效果，如图 3-103 所示。

图 3-102　设置项目符号样式

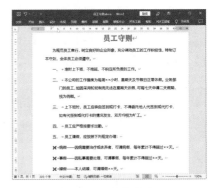

图 3-103　最终效果

🌐 同步训练——制作"邀请函"文档

完成对上机实战案例的学习后，为了提高大家的动手能力，下面安排一个同步训练案例，以期达到举一反三、触类旁通的学习效果。

图解流程

同步训练案例的流程图解如图 3-104 所示。

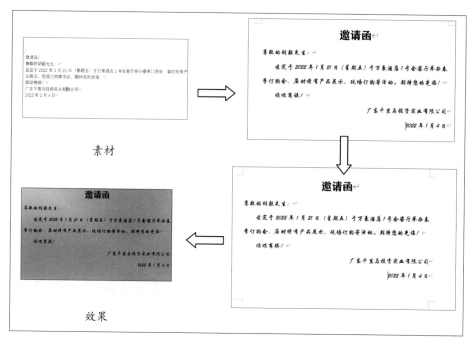

图 3-104　流程图解

思路分析

　　邀请函大多只有几行文字，内容简单枯燥，但通过对文本内容和段落格式进行设置，可以让读者印象深刻。

　　本例首先对标题进行对齐方式和字体格式设置，然后对正文进行段落格式设置，最后进行页面设置，得到最终效果。

关键步骤

　　步骤01　打开"素材文件\第 3 章\邀请函 .docx"文档，选择文本"邀请函"，单击【开始】选项卡【段落】组中的【居中】按钮 ≡，如图 3-105 所示。

　　步骤02　保持文本为选中状态，单击【字体】组中【字号】右侧的下拉按钮，在弹出的下拉列表中选择需要的字号，如图 3-106 所示。

　　步骤03　保持文本为选中状态，单击【字体】组中【字体】右侧的下拉按钮，在弹出的下拉列表中选择需要的标题字体，如图 3-107 所示。

　　步骤04　选择要设置段落格式的正文内容，单击【段落】组右下角的【段落设置】按钮 ，如图 3-108 所示。

　　步骤05　弹出【段落】对话框，在【缩进】栏中的【特殊】下拉列表框中选择【首行】选项，在右侧的【缩进值】微调框中将值设置为【2 字符】，其他选项保持默认，如图 3-109 所示。

步骤06 选择落款文本，单击【段落】组中的【右对齐】按钮，如图 3-110 所示。

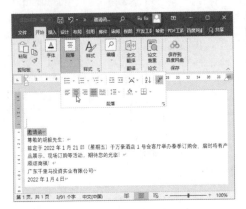

图 3-105 设置标题对齐方式

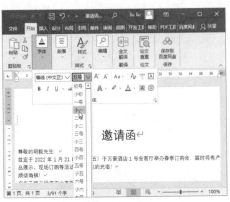

图 3-106 设置标题字号

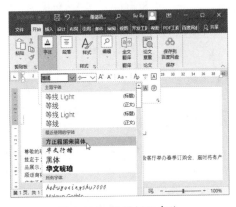

图 3-107 设置标题字体

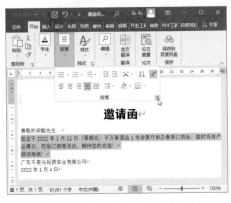

图 3-108 单击【段落设置】按钮

图 3-109 设置正文段落格式

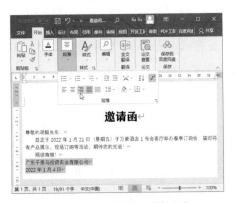

图 3-110 设置落款对齐方式

步骤07　选择正文所有文本，单击【字体】组中【字号】右侧的下拉按钮，在弹出的下拉列表中更改字号，如图 3-111 所示。

步骤08　单击【字体】组中【字体】右侧的下拉按钮，在弹出的下拉列表中选择需要的字体，如图 3-112 所示。

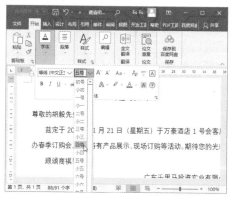

图 3-111　设置正文字号

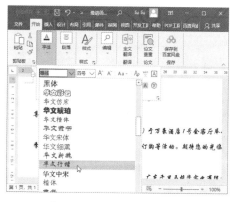

图 3-112　设置正文字体

步骤09　切换到【布局】选项卡，单击【页面设置】组右下角的【页面设置】按钮，如图 3-113 所示。

步骤10　弹出【页面设置】对话框，在【页边距】选项卡的【页边距】栏中，设置上、下、左、右边距值；在【纸张方向】栏中，设置纸张方向，如图 3-114 所示。

图 3-113　单击【页面设置】按钮

图 3-114　设置页边距和纸张方向

步骤11　切换到【纸张】选项卡，根据需要设置纸张的宽度值和高度值，如图 3-115 所示，设置完成后，单击【确定】按钮。

步骤12　切换到【设计】选项卡，单击【页面背景】栏中的【页面颜色】下拉按钮，在弹出的下拉列表中单击【填充效果】命令，如图 3-116 所示。

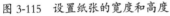

图 3-115　设置纸张的宽度和高度

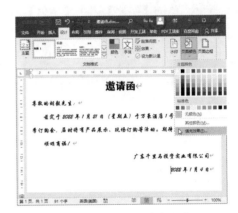

图 3-116　设置填充效果

步骤13　弹出【填充效果】对话框，切换到需要的效果选项卡，本例为设置渐变填充效果，在【渐变】选项卡的【颜色】栏中选择【双色】单选钮，在右侧分别设置【颜色1】和【颜色2】，随后，在【底纹样式】栏中选择【角部辐射】单选钮，设置完成后，单击【确定】按钮，如图 3-117 所示。

步骤14　返回 Word 文档，即可看到设置后的最终效果，如图 3-118 所示。

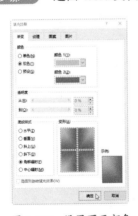

图 3-117　设置页面颜色

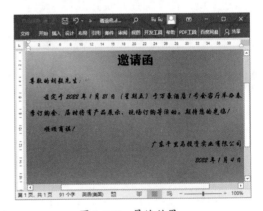

图 3-118　最终效果

知识能力测试

本章讲解了在 Word 文档中对字体、段落和页面进行相关设置的操作，为对知识进行巩固和考核，布置相应的练习题。

一、填空题

1. 在 Word 2021 中，默认显示的字体为_____，默认显示的字号为_____，默认显示的字体颜色为_____。

2．在 Word 2021 中，段落的对齐方式包括_____、_____、_____、_____ 和_____5 种。

3．为了提高文档的层次感，可以为文档设置段落缩进，在 Word 2021 中，特殊的段落缩进方式有_____、_____、_____和_____4 种。

二、选择题

1．单击【开始】选项卡【字体】组中的【字号】下拉按钮，可以在弹出的下拉列表中选择字号，使用此方法，可设置的最大字号为（　　）。

　　A．初号　　　　　　B．72 磅　　　　　C．100 磅　　　　　D．120 磅

2．对中文文本设置对齐方式时，左对齐和两端对齐无明显区别，但对中英文混排文本或者英文文本进行排版时，设置为（　　）方式，文字间距会被拉开，自动填满一行。

　　A．居中对齐　　　　B．左对齐　　　　C．两端对齐　　　　D．分散对齐

3．Word 2021 默认的纸张大小为 A4，常规 A4 纸的宽度和高度为（　　）。

　　A．29.7 厘米 *42 厘米　　　　　　　B．21 厘米 *29.7 厘米

　　C．14.8 厘米 *21 厘米　　　　　　　D．18.2 厘米 *25.7 厘米

三、简答题

1．在 Word 2021 中，如何为页面添加图片水印？

2．为文档设置背景颜色或背景图片后，如何将背景颜色或背景图片打印出来？

Office
2021

第 4 章
Word 的图文混排和表格制作

要制作一个具有吸引力的精美文档，可以在文档中插入自选图形、图片、艺术字或表格等对象，实现图文混排。本章具体介绍图文混排的相关操作和 Word 表格的制作方法。

学习目标

- 熟练掌握图片的应用方法
- 熟练掌握形状的应用方法
- 熟练掌握艺术字的应用方法
- 熟练掌握文本框的应用方法
- 熟练掌握 SmartArt 图形的应用方法
- 熟练掌握表格的制作方法

4.1 应用图片元素

制作办公文档时，有时会遇到需要应用图片配合文字传达信息的情况，可以使用 Word 的图片编辑功能。使用该功能，可以制作出图文并茂的文档，给阅读者带来直观的视觉冲击、良好的阅读体验。

4.1.1 插入图片

将计算机中已保存的图片插入文档，可通过单击【插图】组中的【图片】按钮实现，具体操作如下。

步骤01　将光标插入点定位在需要插入图片的位置，切换到【插入】选项卡，单击【插图】组中的【图片】下拉按钮，在弹出的下拉列表中单击【此设备】命令，如图 4-1 所示。

步骤02　在弹出的【插入图片】对话框中选择需要插入的图片，单击【插入】按钮，如图 4-2 所示。

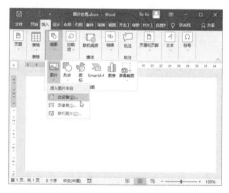

图 4-1　单击【此设备】命令

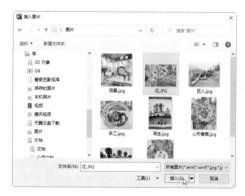

图 4-2　插入图片

4.1.2 裁剪图片

将图片插入文档后，可以对图片中不需要的部分进行裁剪。在 Word 2021 中裁剪图片时，不仅可以进行规则裁剪，还可将图片裁剪为不规则的形状。

1．规则裁剪图片

步骤01　选择要裁剪的图片，单击【图片工具 / 图片格式】选项卡【大小】组中的【裁剪】按钮，如图 4-3 所示。

步骤02　图片四周的 8 个控制点上出现黑色的控制线，将鼠标指针移到某个控制线上，按下鼠标左键并拖动鼠标，在合适的位置释放鼠标左键，如图 4-4 所示。

图 4-3　单击【裁剪】按钮　　　　　　　图 4-4　裁剪图片

步骤03　按下【Enter】键确认，即可看到规则裁剪图片后的效果，如图 4-5 所示。

图 4-5　查看裁剪效果

> **技能拓展**
>
> 　　设置图片格式后，若需要还原至之前的状态，可单击【调整】组【重设图片】按钮右侧的下拉按钮，在弹出的下拉列表中进行选择：单击【重设图片】命令，将保留为图片设置的大小，清除其余全部格式；单击【重设图片和大小】命令，将清除对图片设置的所有格式，将图片还原为设置格式前的大小和状态。

2. 将图片裁剪为形状

步骤01　选择要裁剪的图片，切换到【图片工具 / 图片格式】选项卡，单击【裁剪】下拉按钮，在弹出的下拉列表中单击【裁剪为形状】命令，在弹出的级联列表中选择需要的形状样式，如图 4-6 所示。

步骤02　返回 Word 文档，即可看到将图片裁剪为形状后的效果，如图 4-7 所示。

图 4-6　选择形状样式

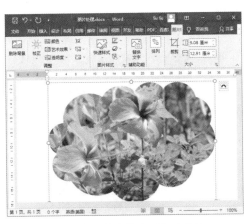

图 4-7　将图片裁剪为形状的效果

4.1.3　调整图片大小和旋转图片

在文档中插入图片后，可以调整图片的大小和放置角度，使图片更契合版面外观，具体操作如下。

步骤01　选择要调整的图片，将鼠标指针移到图片四周的控制点上，在鼠标指针呈双箭头形状时按下鼠标左键，拖动鼠标，调整图片大小，如图 4-8 所示。

步骤02　保持图片为选中状态，将鼠标指针放置在图片框顶部的控制柄上，按下鼠标左键并移动鼠标指针，即可旋转图片，如图 4-9 所示。

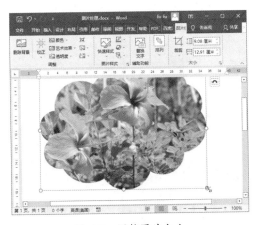

图 4-8　调整图片大小

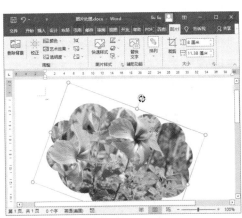

图 4-9　旋转图片

步骤03　若需要精确调整图片的大小和旋转角度，可选择图片，单击【图片工具 /图片格式】选项卡【大小】组右下角的展开按钮，如图 4-10 所示。

步骤04　弹出【布局】对话框，在【旋转】栏中的【旋转】微调框中输入数值，在【缩放】栏中调整图片的【高度】和【宽度】比例，设置完成后单击【确定】按钮，如图 4-11所示。

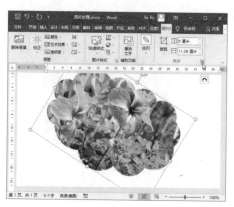

图 4-10　单击【大小】组右下角的展开按钮

图 4-11　精确设置

步骤05　返回 Word 文档，即可看到精确设置图片大小和旋转角度后的效果，如图 4-12 所示。

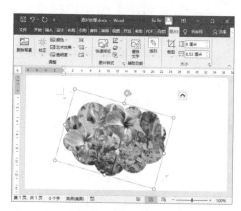

图 4-12　精确设置效果

4.1.4　设置图片效果

Word 2021 内置多种图片效果，通过设置图片效果，可以让图片变得更具感染力，具体操作如下。

步骤01　选择图片，切换到【图片工具 / 图片格式】选项卡，单击【调整】组中【颜色】右侧的下拉按钮，在弹出的下拉列表中选择需要的颜色选项，如图 4-13 所示。

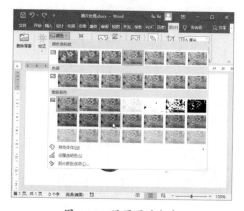

图 4-13　设置图片颜色

步骤02 保持图片为选中状态，单击【图片工具 / 图片格式】选项卡【调整】组中的【校正】按钮，在弹出的下拉列表的【亮度 / 对比度】栏中选择需要的选项，即可调整图片的亮度 / 对比度，如图 4-14 所示。

步骤03 保持图片为选中状态，在【图片工具 / 图片格式】选项卡的【调整】组中，单击【艺术效果】右侧的下拉按钮，在弹出的下拉列表中选择需要的艺术效果，如图 4-15 所示。

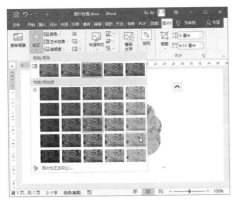

图 4-14 设置亮度 / 对比度

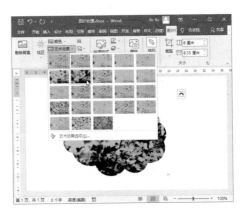

图 4-15 设置艺术效果

步骤04 保持图片为选中状态，在【图片工具 / 图片格式】选项卡的【快速样式】组中，选择需要的图片样式，如图 4-16 所示。

步骤05 若对设置的图片效果不满意，在【图片工具 / 图片格式】选项卡的【调整】组中，单击【重置图片】右侧的下拉按钮，在弹出的下拉列表中单击【重置图片】命令，如图 4-17 所示，可将图片恢复到设置效果前的状态。

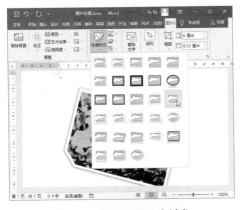

图 4-16 套用内置图片样式

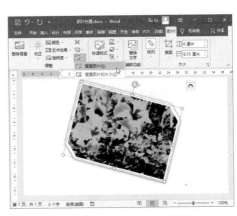

图 4-17 单击【重设图片】命令

课堂范例——在"促销海报"文档中插入图片

对于海报等广告性质的文档来说，只有文字内容无法高效吸引目标受众的注意力，在文档中插入漂亮美观的图片，可以给目标受众带来更加强烈的视觉冲击。下面以在"促销海报"文档中插入图片为例，介绍在文档中应用图片元素的相关操作。

步骤01 新建一个 Word 文档，将其命名为"促销海报"。在"促销海报"文档中，切换到【插入】选项卡，在【插图】组中，单击【图片】下拉按钮，在弹出的下拉列表中单击【此设备】命令，如图 4-18 所示。

步骤02 弹出【插入图片】对话框，选择需要插入的图片，单击【插入】按钮，如图 4-19 所示。

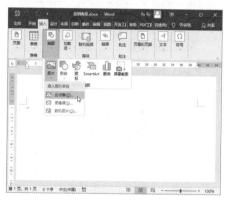

图 4-18 单击【此设备】命令

图 4-19 插入图片

步骤03 选择插入的图片，将鼠标指针移到图片四周的任意控制点上，在鼠标指针呈双箭头形状时按下鼠标左键，拖动鼠标，如图 4-20 所示。

步骤04 拖动到合适位置后释放鼠标左键，即可看到调整大小后的图片效果，如图 4-21 所示。

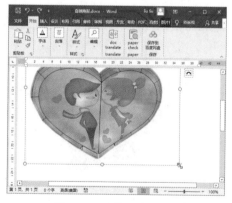

图 4-20 调整图片大小

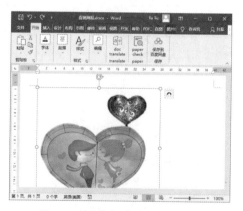

图 4-21 调整大小后的图片效果

步骤05 保持图片为选中状态，在【图片工具/图片格式】选项卡中，单击【排列】组中的【位置】下拉按钮，在弹出的下拉列表中，选择图片的文字环绕方式，如图 4-22 所示。

步骤06　保持图片为选中状态，单击【排列】组中的【对齐】下拉按钮，在弹出的下拉列表中，选择图片基于页面的对齐方式，如图 4-23 所示。

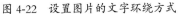

图 4-22　设置图片的文字环绕方式

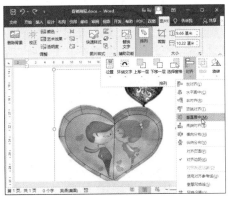

图 4-23　设置图片的对齐方式

步骤07　保持图片为选中状态，单击【调整】组中的【颜色】下拉按钮，在弹出的下拉列表中，可以选择需要的颜色饱和度，如图 4-24 所示。

步骤08　设置完成后，即可在文档中看到图片的最终效果，如图 4-25 所示。

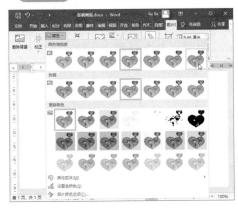

图 4-24　设置图片的颜色饱和度

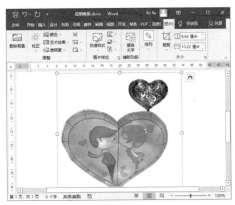

图 4-25　最终效果

4.2 应用形状元素

使用 Word 2021 的绘制图形功能，可以在文档中"画"出各种形状，如线条、椭圆、旗帜等。下面介绍应用形状的相关操作。

4.2.1 插入形状

编辑 Word 文档时，为了使文档更加美观，可以插入形状进行点缀。在 Word 2021

中绘制形状的具体操作如下。

步骤01 新建一个名为"形状"的文档，切换到【插入】选项卡，单击【插图】组中的【形状】下拉按钮，在弹出的下拉列表中选择需要的形状，如图 4-26 所示。

步骤02 此时，鼠标指针呈十字状，在需要插入形状的位置按住鼠标左键不放，拖动鼠标进行绘制，绘制到合适大小时释放鼠标左键即可，如图 4-27 所示。

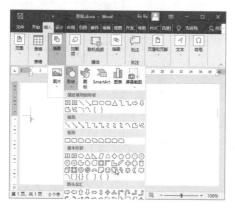

图 4-26 选择形状

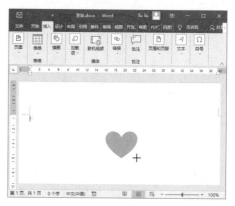

图 4-27 绘制形状

技能拓展

在绘制形状的过程中，配合使用【Shift】键，可以绘制出特殊形状。例如，绘制"矩形"形状时按住【Shift】键不放，可以绘制出一个正方形。

4.2.2 更改形状和形状颜色

绘制形状后，为了让其更加符合文档需要，可以对其进行修改，如更改形状或形状颜色等。

1．更改形状

如果对绘制的形状不满意，可以将其删除，重新绘制，或者使用以下方法更改形状，具体操作如下。

步骤01 选择要更改的形状，单击【绘图工具 / 形状格式】选项卡【插入形状】组中的【编辑形状】按钮，在弹出的下拉列表中单击【更改形状】命令，在弹出的级联列表中根据需要选择形状，如图 4-28 所示。

步骤02 返回 Word 文档，即可看到更改形状后的效果，如图 4-29 所示。

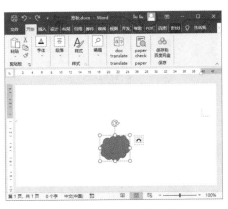

图 4-28　选择更改的形状　　　　　　图 4-29　更改形状后的效果

2. 更改形状颜色

默认情况下，在 Word 2021 中添加的形状为褐色形状，如果对默认填充的颜色不满意，可以将其更改为其他颜色。此外，可以用纹理、图片或渐变色彩来填充形状，具体操作如下。

步骤01　选择要更改颜色的形状，切换到【绘图工具 / 形状格式】选项卡，在【形状样式】组中，单击【形状填充】下拉按钮，在弹出的下拉列表中选择需要的颜色选项，如图 4-30 所示。

步骤02　若要设置渐变填充，保持形状为选中状态，单击【形状填充】下拉按钮，在弹出的下拉列表中单击【渐变】命令，在弹出的级联列表中选择需要的渐变样式，如图 4-31 所示。

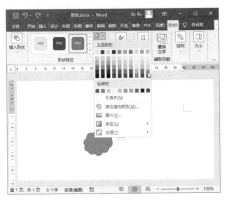

图 4-30　更改形状的填充颜色　　　　图 4-31　设置渐变填充效果

步骤03　若要设置纹理填充，保持形状为选中状态，单击【形状填充】下拉按钮，在弹出的下拉列表中单击【纹理】命令，在弹出的级联列表中选择需要的纹理样式，如图 4-32 所示。

步骤04　若要用图片填充形状，保持形状为选中状态，单击【形状填充】下拉按钮，在弹出的下拉列表中单击【图片】命令，如图 4-33 所示。

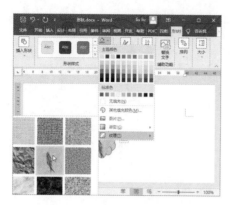

图 4-32　设置纹理填充效果

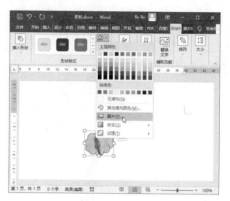

图 4-33　单击【图片】命令

步骤05 弹出【插入图片】对话框，选择图片来源，若需要用计算机中已保存的图片填充形状，可以单击【来自文件】命令，如图 4-34 所示。

步骤06 在【插入图片】对话框中选择要填充的图片文件，单击【插入】按钮，如图 4-35 所示。

图 4-34　单击【来自文件】命令

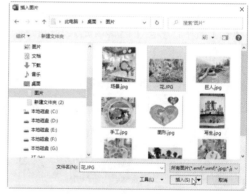

图 4-35　插入图片

步骤07 返回 Word 文档，即可看到插入图片后的形状效果，如图 4-36 所示。

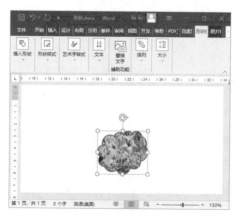

图 4-36　最终效果

4.2.3　调整形状大小和角度

在文档中插入形状后，若对形状的大小不满意，或者想调整形状的旋转角度，具体
操作如下。

步骤01　选择要调整大小和旋转角度的形状，切换到【绘图工具/形状格式】选
项卡，单击【大小】组右下角的展开按钮，如图 4-37 所示。

图 4-37　单击【大小】组右下角的展开按钮

步骤02　弹出【布局】对话框，根据需要设置形状的高度、宽度和旋转角度，设
置完成后单击【确定】按钮，如图 4-38 所示。

步骤03　返回 Word 文档，即可看到调整形状大小和旋转角度后的效果，如图 4-39
所示。

图 4-38　设置形状的大小和旋转角度

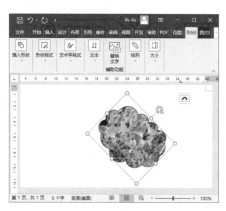

图 4-39　最终效果

4.2.4　为形状添加文字

在形状中添加文字，可以让形状看起来更加生动，具体操作如下。

步骤01 右击文档中要添加文字的形状，在弹出的快捷菜单中单击【添加文字】命令，如图 4-40 所示。

步骤02 在形状中出现的光标插入点处输入文字并将其选中，单击【开始】选项卡【字体】组右下角的展开按钮，如图 4-41 所示。

图 4-40　单击【添加文字】命令　　　图 4-41　单击【字体】组右下角的展开按钮

步骤03 弹出【字体】对话框，根据需要设置字体、字号和字体颜色，设置完成后单击【确定】按钮，如图 4-42 所示。

步骤04 返回 Word 文档，单击文档任意位置，退出文字编辑状态，即可浏览在形状中添加文字的效果，如图 4-43 所示。

图 4-42　设置字体格式

图 4-43　最终效果

4.2.5　将多个形状组合在一起

在文档编辑过程中，经常遇到需要插入多个形状的情况，若插入的多个形状需要叠放在一起，可以对形状的叠放次序进行设置，并将多个形状组合在一起，以便操作。

1．快速选择多个形状

在文档中单击某个形状，可快速将该形状选中，若需要将文档中的多个形状同时选中，具体操作如下。

步骤01　在文档中插入多个形状，并根据需要，设置形状的大小和填充颜色，如图 4-44 所示。

步骤02　选择任意形状，切换到【绘图工具 / 形状格式】选项卡，单击【排列】组中的【选择窗格】按钮，如图 4-45 所示。

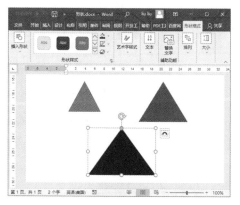
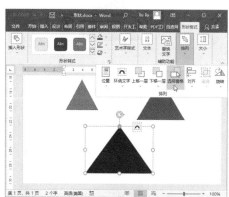

图 4-44　插入多个形状　　　　　　　图 4-45　单击【选择窗格】按钮

步骤03　窗口右侧弹出【选择】窗格，按住【Ctrl】键不放，单击要选择的其他形状，即可快速选择多个形状，选择完成后松开【Ctrl】键即可，如图 4-46 所示。

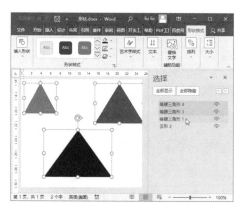

图 4-46　选择多个形状

2．设置形状叠放次序

多个形状叠放在一起时，会出现后插入的形状位于顶层，将下方形状或文字遮住的情况。为了让多个形状的放置效果满足用户的需求，可以调整形状的叠放次序，改变形状的组合方式，具体操作如下。

步骤01　根据需要，调整形状的放置位置，如图 4-47 所示。

步骤02 如果需要将某个形状放置在底层，可右击该形状，在弹出的快捷菜单中单击【置于底层】命令，如图4-48所示。

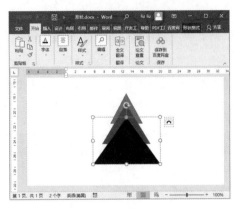

图 4-47　调整形状的放置位置

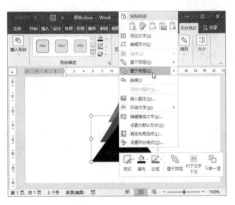

图 4-48　将形状置于底层

步骤03 如果只需要将形状向下移动一层，可右击该形状，在弹出的快捷菜单中单击【置于底层】按钮右侧的展开按钮，在弹出的级联菜单中单击【下移一层】命令，如图4-49所示。

步骤04 返回 Word 文档，即可看到更改形状叠放次序后的效果，如图4-50所示。

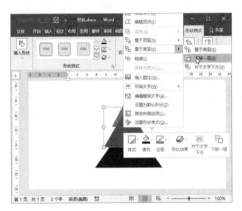

图 4-49　将形状下移一层

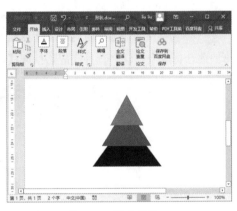

图 4-50　最终效果

> **温馨提示**
> 将形状置于顶层的操作和将形状置于底层的操作是类似的，如果需要将形状置于顶层，可右击该形状，在快捷菜单中单击【置于顶层】命令，若单击【置于顶层】命令右侧的展开按钮，单击【上移一层】命令，可将该形状基于当前位置上移一层。

3. 组合多个形状

设置多个形状的叠放次序后，为了便于整体移动，可以将多个形状组合在一起，具体操作如下。

步骤01　按住【Ctrl】键不放，同时选择要组合在一起的多个形状，右击其中某个形状，在弹出的快捷菜单中单击【组合】命令，在弹出的级联菜单中单击【组合】命令，如图 4-51 所示。

步骤02　即可看到选择的多个形状组合为整体，如图 4-52 所示。

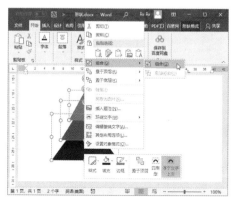

图 4-51　单击【组合】命令

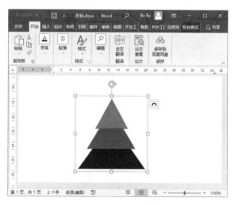

图 4-52　组合多个形状的效果

课堂范例——在"促销海报"文档中插入形状

纯文本文档容易让受众产生视觉疲劳，在形状中插入文字，可以起到画龙点睛的作用，此外，为了让形状更加美观，用户还可以对形状及其中的文字进行修饰。本例以在"促销海报"文档中插入形状为例，介绍更改形状的填充颜色、轮廓和效果，以及设置形状中文字的字体、字号、颜色和字符间距的相关操作。

步骤01　打开"素材文件\第 4 章\促销海报 1.docx"文档，切换到【插入】选项卡，单击【形状】下拉按钮，在弹出的下拉列表中选择需要的形状样式，如图 4-53 所示。

步骤02　此时，鼠标指针呈十字状，在需要插入形状的位置按住鼠标左键不放，拖动鼠标进行绘制，绘制到合适大小时释放鼠标左键，如图 4-54 所示。

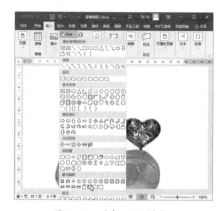

图 4-53　选择形状样式

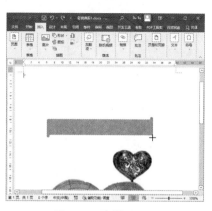

图 4-54　绘制形状

步骤03 选择插入的形状，切换到【绘图工具 / 形状格式】选项卡，在【形状样式】组中，单击【形状填充】下拉按钮，在弹出的下拉列表中选择需要的填充颜色，若没有合适的颜色，单击【其他填充颜色】命令，如图 4-55 所示。

步骤04 弹出【颜色】对话框，在【颜色】面板中选择需要的颜色，单击【确定】按钮，如图 4-56 所示。

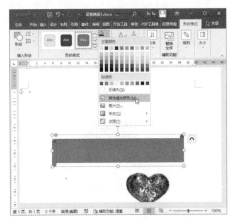

图 4-55　单击【其他填充颜色】命令

图 4-56　设置形状填充颜色

步骤05 保持形状为选中状态，单击【形状效果】下拉按钮，在弹出的下拉列表中选择需要的效果类型，在弹出的级联列表中选择需要的效果样式，如图 4-57 所示。

步骤06 保持形状为选中状态，单击【形状轮廓】下拉按钮，若需要更改形状的轮廓样式，可在弹出的下拉列表中单击【草绘】或【虚线】命令，本例中单击【草绘】命令，在弹出的级联列表中选择需要的线条样式，如图 4-58 所示。

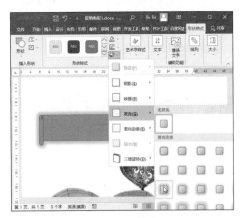

图 4-57　设置形状效果

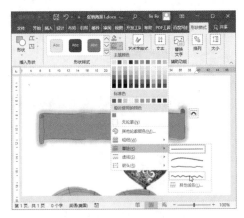

图 4-58　设置形状轮廓线条样式

步骤07 保持形状为选中状态，再次单击【形状轮廓】下拉按钮，在弹出的下拉列表中单击【粗细】命令，在弹出的级联列表中选择需要的形状轮廓粗细，如图 4-59 所示。

步骤08 右击形状，在弹出的快捷菜单中单击【添加文字】命令，如图 4-60 所示。

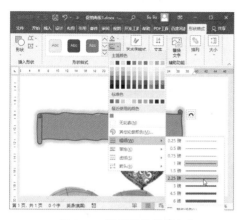

图 4-59 设置形状轮廓粗细

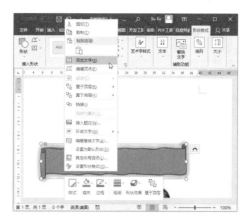

图 4-60 为形状添加文字

步骤09 在形状中出现的光标插入点处输入需要显示的文字，输入完成后将文本选中，右击，在弹出的快捷菜单中单击【字体】命令，如图 4-61 所示。

步骤10 弹出【字体】对话框，根据需要设置字体、字形、字号和字体颜色，如图 4-62 所示。

图 4-61 输入文字并设置字体样式

图 4-62 【字体】对话框

步骤11 切换到【高级】选项卡，根据需要设置字符间距，本例设置【间距】为【加宽】，设置间距【磅值】为【6 磅】，设置完成后单击【确定】按钮，如图 4-63 所示。

步骤12 返回 Word 文档，即可看到插入形状并添加文字后的最终效果，如图 4-64 所示。

图 4-63　设置字符间距

图 4-64　最终效果

4.3　应用艺术字元素

艺术字是具有特殊效果的文字，使用 Word 2021 中的艺术字功能，可以输入和编辑带有彩色、阴影、发光等效果的文字。艺术字多用于制作文档标题、广告宣传语等，以呈现强烈、醒目的外观效果。

4.3.1　插入艺术字

为了使文档的呈现效果更加丰富，可以在文档中插入艺术字，在 Word 2021 中插入艺术字的具体操作如下。

步骤01　新建一个名为"艺术字"的 Word 文档，将光标插入点定位在需要插入艺术字的位置，切换到【插入】选项卡，单击【文本】组中的【艺术字】下拉按钮，在弹出的下拉列表中选择需要的艺术字样式，如图 4-65 所示。

步骤02　文档中出现艺术字文本框，占位符文本"请在此放置您的文字"为选中状态，如图 4-66 所示。

步骤03　删除占位符文本，输入需要显示的艺术字，如图 4-67 所示。

步骤04　如果对默认的艺术字字体格式不满意，可以切换到【开始】选项卡，在【字体】组中根据需要设置合适的字体、字号和字体颜色，设置完成的效果如图 4-68 所示。

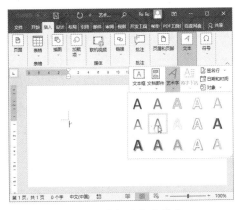

图 4-65　选择艺术字样式

图 4-66　占位符文本

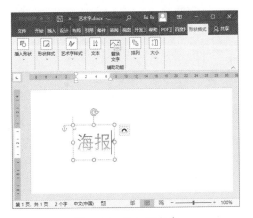

图 4-67　输入艺术字

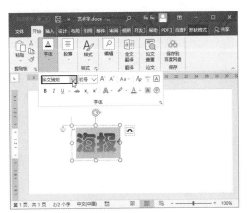

图 4-68　设置艺术字字体格式

4.3.2　编辑艺术字

插入艺术字后，为了让其更具感染力，可以根据需要对艺术字进行编辑，如添加艺术效果、添加轮廓样式等，具体操作如下。

步骤01　选择艺术字，切换到【绘图工具 / 形状格式】选项卡，单击【快速样式】下拉按钮，在弹出的下拉列表中，重新设置艺术字样式，如图 4-69 所示。

步骤02　若需要更改艺术字颜色，可以单击【绘图工具 / 形状格式】选项卡【艺术字样式】组中的【文本填充】下拉按钮，在弹出的颜色列表中更改艺术字字体颜色，如图 4-70 所示。

步骤03　若需要设置艺术字渐变颜色填充效果，可单击颜色列表中的【渐变】命令，在弹出的级联列表中选择需要的渐变样式，如图 4-71 所示。

步骤04　若需要为艺术字添加文本轮廓，可保持艺术字为选中状态，单击【绘图工具 / 形状格式】选项卡【艺术字样式】组中的【文本轮廓】下拉按钮，在弹出的下拉列表中选择需要的轮廓颜色，如图 4-72 所示。

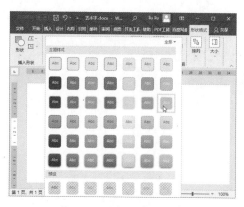

图 4-69　选择艺术字样式

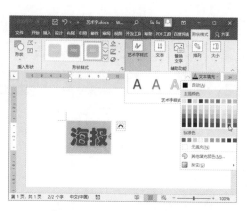

图 4-70　更改艺术字字体颜色

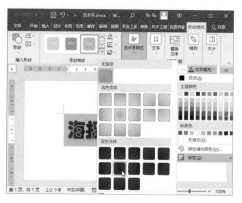

图 4-71　设置艺术字渐变颜色填充效果

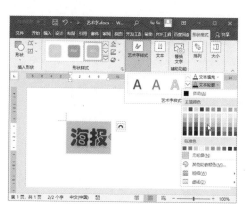

图 4-72　更改艺术字文字轮廓颜色

步骤05　保持艺术字为选中状态，再次单击【文本轮廓】下拉按钮，在弹出的下拉列表中单击【粗细】命令，在弹出的级联列表中选择粗细合适的线条，如图 4-73 所示。

步骤06　保持艺术字为选中状态，再次单击【文本轮廓】下拉按钮，在弹出的下拉列表中单击【虚线】命令，在弹出的级联列表中选择合适的虚线样式，如图 4-74 所示。

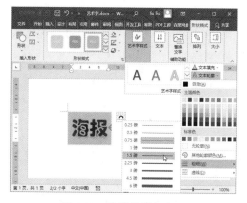

图 4-73　设置轮廓粗细

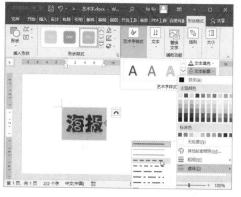

图 4-74　设置轮廓虚线样式

步骤07　若需要为艺术字添加文本效果，可保持艺术字为选中状态，单击【艺术

字样式】组中的【文本效果】下拉按钮，在弹出的下拉列表中选择效果类型，在弹出的
级联列表中选择需要的效果样式，如图 4-75 所示。

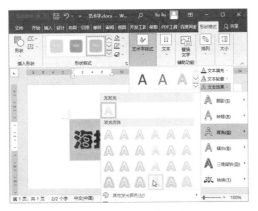

图 4-75　添加文本效果

课堂范例——为"促销海报"文档制作艺术字标题

用艺术字标题替代传统的文字标题，可以更迅速地吸引读者的注意力，以为"促销
海报"文档制作艺术字标题为例，具体操作如下。

步骤01　打开"素材文件\第 4 章\促销海报 2.docx"文档，将光标插入点定位
在要插入艺术字标题的位置，切换到【插入】选项卡，单击【文本】组中的【艺术字】
按钮，在弹出的下拉列表中选择需要的艺术字样式，如图 4-76 所示。

步骤02　文档中出现艺术字文本框后，删除默认的占位符文本，输入需要的艺术
字文字，如图 4-77 所示。

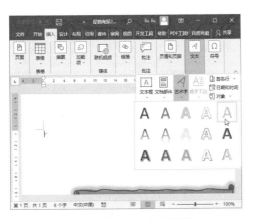

图 4-76　选择艺术字样式

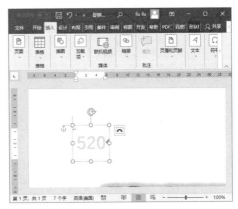

图 4-77　输入艺术字

步骤03　选择输入的艺术字，单击【开始】选项卡中【字体】组右下角的展开按钮，
如图 4-78 所示。

步骤04　弹出【字体】对话框，在【字体】选项卡中，根据需要设置字体、字形

和字号，设置完成后单击【字体颜色】下拉按钮，若下拉列表中没有合适的颜色，单击【其他颜色】命令，如图 4-79 所示。

图 4-78　单击【字体】组右下角的展开按钮

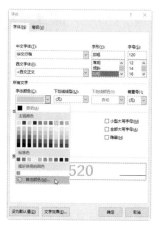

图 4-79　设置艺术字字体格式

步骤05　弹出【颜色】对话框，在【自定义】选项卡中，根据需要设置艺术字颜色，单击【确定】按钮，如图 4-80 所示。

步骤06　返回【字体】对话框，切换到【高级】选项卡，根据需要设置字符间距，本例设置【间距】为【加宽】，设置间距【磅值】为【60磅】，设置完成后单击【确定】按钮，如图 4-81 所示。

图 4-80　设置艺术字颜色

图 4-81　设置字符间距

步骤07　返回 Word 文档，切换到【绘图工具 / 形状格式】选项卡，在【艺术字样式】组中，单击【文本效果】下拉按钮，在弹出的下拉列表中选择需要的文本效果选项，在弹出的级联列表中选择需要的样式，如图 4-82 所示。

步骤08　选择完成设置的艺术字，将鼠标指针移到艺术字框中的任意位置，鼠标指针变为箭头形状后，按住鼠标左键进行拖动，拖动到合适位置后释放鼠标左键，即可调整艺术字的位置，完成后的效果如图 4-83 所示。

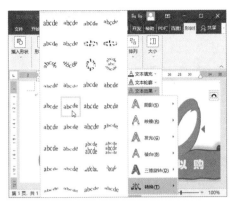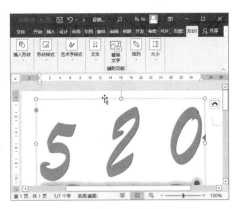

图 4-82　设置艺术字文本效果　　　　　图 4-83　完成后的艺术字效果

 应用文本框元素

若需要在 Word 文档中的任意位置插入文本，可使用文本框实现。通常情况下，文本框用于在图形或图片中插入注释、批注或说明性文字。

4.4.1　插入文本框

想在文档中的任意位置插入文本，可使用文本框实现，在 Word 2021 中，不仅可以自动插入文本框，还可以手动绘制文本框。

1．插入文本框

Word 2021 内置多种文本框样式，插入带样式的文本框的具体操作如下。

步骤01　切换到【插入】选项卡，单击【文本】组中的【文本框】按钮，在弹出的下拉列表中选择需要的文本框样式，如图 4-84 所示。

步骤02　插入文本框后，文本框内显示的提示文字为占位符内容，如图 4-85 所示。

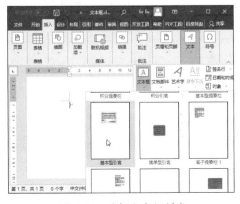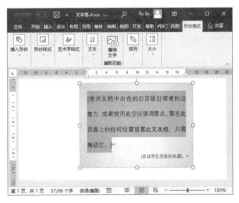

图 4-84　选择文本框样式　　　　　图 4-85　显示占位符内容

步骤03 删除占位符内容，输入需要的文本内容即可，输入文本内容后的效果如图 4-86 所示。

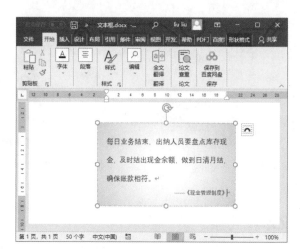

图 4-86 应用内置文本框的效果

2．绘制文本框

除了可以插入 Word 内置的文本框，用户还可以手动绘制文本框，具体操作如下。

步骤01 切换到【插入】选项卡，单击【文本】组中的【文本框】按钮，在弹出的下拉列表中单击【绘制横排文本框】或【绘制竖排文本框】命令，如图 4-87 所示。

步骤02 鼠标指针变为"+"形状，按下鼠标左键的同时拖动鼠标，在合适的位置释放鼠标左键，即可绘制文本框，如图 4-88 所示。

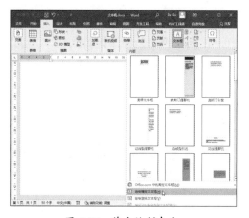

图 4-87 单击绘制命令

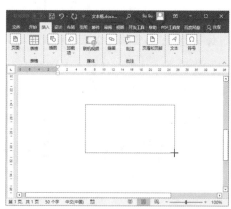

图 4-88 手动绘制文本框

步骤03 在文本框中输入需要的内容，如图 4-89 所示。

步骤04 选择输入的文字，单击【开始】选项卡中【字体】组右下角的展开按钮，如图 4-90 所示。

图 4-89　输入内容

图 4-90　单击【字体】组右下角的展开按钮

步骤05　弹出【字体】对话框，根据需要设置字体、字号、字体颜色等字体格式，设置完成后单击【确定】按钮，如图 4-91所示。

图 4-91　设置字体格式

4.4.2　调整文本框

在文档中插入文本框后，若对文本框样式不满意，可以手动更改文本框形状；在文本框中输入文字后，经常会出现文本框太大，有很多空余空间，或文本框太小，无法容纳所有文字的情况，此时可以对文本框的大小和位置进行调整。

1．更改文本框形状

文档编辑过程中，若对所插入文本框的形状不满意，可以更改文本框形状，具体操作如下。

步骤01　选择要更改形状的文本框，切换到【绘图工具 / 形状格式】选项卡，在【插入形状】组中，单击【编辑形状】下拉按钮，在弹出的下拉列表中单击【更改形状】命令，在弹出的级联列表中选择需要的形状，如图 4-92 所示。

步骤02　返回 Word 文档，即可看到更改文本框形状后的效果，如图 4-93 所示。

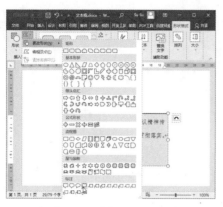
图 4-92　选择目标形状

图 4-93　更改形状后的效果

2. 调整文本框大小和位置

将内容复制并粘贴到文本框中后，或者更改了文本框形状时，可能会出现文本框太小，无法容纳内容的情况，此时可以根据实际情况调整文本框的大小和位置，具体操作如下。

步骤01　选择文本框，将鼠标指针移到文本框四周的任意控制点上，当鼠标指针变为双向箭头时，按下鼠标左键进行拖动，调整到合适大小后释放鼠标左键即可，调整文本框大小后的效果如图 4-94 所示。

步骤02　若要移动文本框的位置，可以选择文本框，将鼠标指针移到控制框上的任意位置，当指针变为四向箭头时，按下鼠标左键进行拖动，将文本框移动到合适位置后释放鼠标左键即可，如图 4-95 所示。

图 4-94　调整文本框大小

图 4-95　移动文本框位置

4.4.3　设置文本框底纹和边框

在 Word 2021 中，可以将文本框看作一个形状，设置文本框效果的方法与设置形状效果的方法是相同的，此外，可以将文本框中的文字看作艺术字进行效果处理，具体操作如下。

步骤01　选择文本框，在【绘图工具 /
形状格式】选项卡的【形状样式】组中，单击【其
他样式】下拉按钮，在弹出的下拉列表中选
择需要的主题样式，如图 4-96 所示。

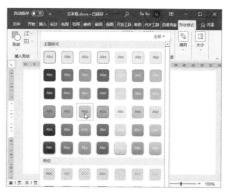

步骤02　保持文本框为选中状态，单
击【形状样式】组中的【形状效果】下拉按钮，
在弹出的下拉列表中选择需要的效果类型，
在弹出的级联列表中选择需要的效果样式，
如图 4-97 所示。

图 4-96　更改文本框主题样式

步骤03　保持文本框为选中状态，单击【艺术字样式】组中的【其他样式】下拉按钮，
在弹出的下拉列表中选择需要的艺术字样式，如图 4-98 所示。

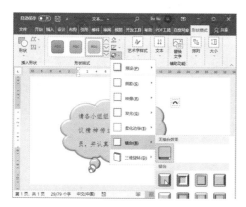

图 4-97　设置文本框形状效果

图 4-98　设置文本框艺术字样式

📖 课堂范例——在"促销海报"文档中插入促销内容

制作广告类文档时，较多的文字可以放置在文本框中。以在"促销海报"文档中插
入促销内容为例，介绍文本框的使用方法，具体操作如下。

步骤01　打开"素材文件 \ 第 4 章 \ 促销海报 3.docx"文档，切换到【插入】选项卡，
单击【文本】组中的【文本框】下拉按钮，在弹出的下拉列表中选择需要的文本框样式，
如图 4-99 所示。

步骤02　选择文本框，将鼠标指针移到控制框上的任意位置，当鼠标指针变为四
向箭头时，按下鼠标左键进行拖动，将文本框移动到合适位置后释放鼠标左键，如图 4-100
所示。

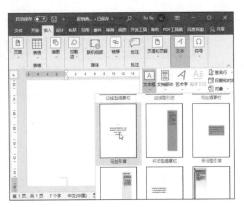

图 4-99　插入文本框

图 4-100　移动文本框

步骤03　将默认的占位符内容删除，输入需要的文本内容，如图 4-101 所示。

步骤04　将鼠标指针移到左侧或右侧的控制点上，当鼠标指针变为双向箭头时，按下鼠标左键进行拖动，文本框中的文字将自动调整显示位置，调整到合适位置后，释放鼠标左键，完成对文本框大小的调整，如图 4-102 所示。

图 4-101　在文本框中输入文本内容

图 4-102　调整文本框大小

4.5　应用SmartArt图形

SmartArt 图形主要用在各种报告和分析类文件中，多用来表现多个对象之间的关系，并通过图形结构和文字说明，有效地传达作者的观点等信息。

4.5.1　插入 SmartArt 图形

Word 2021 内置多种样式的 SmartArt 图形，用户可以根据需要，选择合适样式的 SmartArt 图形插入文档，具体操作如下。

步骤01　将光标插入点定位在要插入 SmartArt 图形的位置，在【插入】选项卡中，单击【插图】组中的【SmartArt】按钮，如图 4-103 所示。

步骤02　弹出【选择 SmartArt 图形】对话框，在左侧窗格中选择图形类型，在右侧窗格中选择具体的图形样式，选择完毕后单击【确定】按钮，如图 4-104 所示。

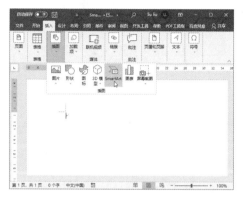
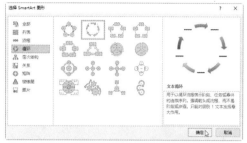

图 4-103　单击【SmartArt】按钮　　　　图 4-104　选择 SmartArt 图形样式

步骤03　所选样式的 SmartArt 图形被插入到文档中，如图 4-105 所示。

步骤04　将光标插入点定位在某个形状中，"文本"字样的占位符内容将自动消失，此时可以输入文本内容，输入文本内容后的 SmartArt 图形效果如图 4-106 所示。

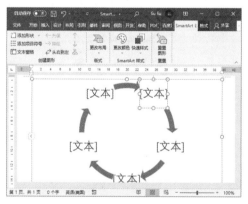

图 4-105　插入的 SmartArt 图形　　　　图 4-106　输入文本内容后的 SmartArt 图形效果

4.5.2　添加 / 删除 SmartArt 图形形状

在文档中插入 SmartArt 图形后，若默认数量的图形形状无法满足用户的实际需求，用户可以根据需要添加或删除 SmartArt 图形形状，具体操作如下。

步骤01　选择要添加形状的位置后的 SmartArt 图形形状，切换到【SmartArt 工具 / SmartArt 设计】选项卡，单击【创建图形】组中的【添加形状】下拉按钮，在弹出的下拉列表中单击需要的命令，本例单击【在前面添加形状】命令，如图 4-107 所示。

步骤02 即可在文档中看到，所选 SmartArt 图形形状的前面新增了一个空白的形状，如图 4-108 所示。

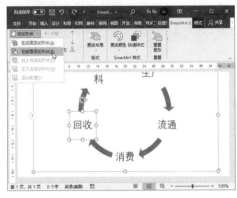

图 4-107　添加形状

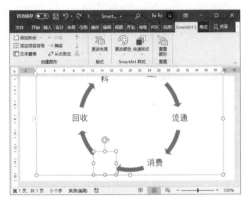

图 4-108　添加形状后的效果

步骤03 将光标插入点定位在新增的形状中，输入需要的文本内容即可。若需要删除新增的形状，可选择该形状，按下键盘上的【Delete】键，如图 4-109 所示。

步骤04 删除所选形状后的效果如图 4-110 所示。

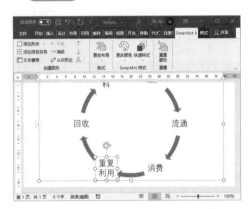

图 4-109　选择形状后按下【Delete】键

图 4-110　删除形状后的效果

4.5.3 调整 SmartArt 图形布局

Word 2021 中内置多种 SmartArt 图形类型，每种类型中包含多种布局方式，在文档中插入 SmartArt 图形后，若对默认的布局不满意，可以自行调整，具体操作如下。

步骤01 选择 SmartArt 图形，切换到【SmartArt 工具 /SmartArt 设计】选项卡，单击【更改布局】下拉按钮，在弹出的下拉列表中选择需要的布局方式，如图 4-111 所示。

步骤02 返回 Word 文档，即可看到更改 SmartArt 图形布局后的效果，如图 4-112 所示。

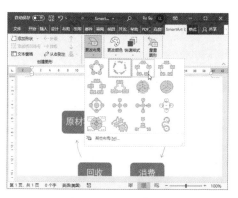

图 4-111 更改布局

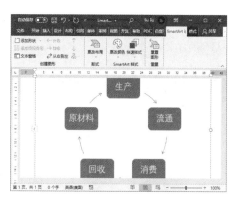

图 4-112 更改布局后的效果

4.5.4 更改 SmartArt 图形样式

Word 2021 中内置多种 SmartArt 图形样式，若用户对默认的图形样式不满意，可以手动更改，具体操作如下。

步骤01 选择 SmartArt 图形，切换到【SmartArt 工具 /SmartArt 设计】选项卡，单击【快速样式】下拉按钮，在弹出的下拉列表中选择喜欢的图形样式，如图 4-113 所示。

步骤02 返回 Word 文档，即可看到更改 SmartArt 图形样式后的效果，如图 4-114 所示。

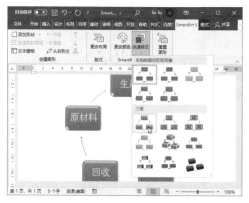

图 4-113 更改图形样式

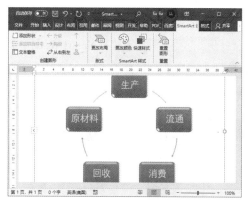

图 4-114 更改图形样式后的效果

4.5.5 更改 SmartArt 图形色彩方案

默认情况下，使用内置 SmartArt 图形时，形状的主题色彩比较单调，如果希望制作的 SmartArt 图形色彩更加丰富，可以更改默认的 SmartArt 图形色彩方案，具体操作如下。

步骤01 选择 SmartArt 图形，切换到【SmartArt 工具 /SmartArt 设计】选项卡，单击【更改颜色】下拉按钮，在弹出的下拉列表中选择喜欢的主题颜色，如图 4-115 所示。

步骤02 返回 Word 文档，即可看到更改 SmartArt 图形色彩方案后的效果，如图 4-116 所示。

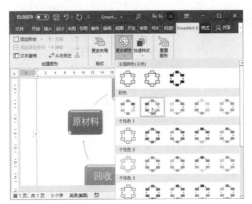
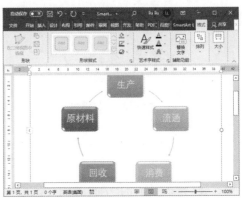

图 4-115　更改图形主题颜色　　　　　　图 4-116　更改图形主题颜色后的效果

课堂范例——制作"公司组织结构图"

SmartArt 图形通常用来显示组织中的分层结构、上下级顺序及比例关系等，图形化表述比文字描述更加具体形象，清晰易懂，让人一目了然。下面以制作"公司组织结构图"为例，介绍应用 SmartArt 图形的具体操作。

步骤01 新建一个名为"公司组织结构图"的空白文档，切换到【插入】选项卡，单击【插图】组中的【SmartArt】按钮，如图 4-117 所示。

步骤02 弹出【选择 SmartArt 图形】对话框，在左侧列表中选择【层次结构】选项，在中间列表中选择需要的 SmartArt 图形类型，选择完毕后单击【确定】按钮，如图 4-118 所示。

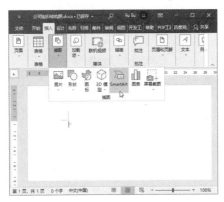
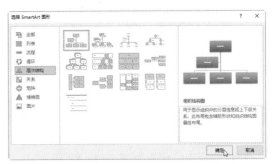

图 4-117　单击【SmartArt】按钮　　　　图 4-118　选择 SmartArt 图形类型

步骤03 在插入的 SmartArt 图形中输入需要的文本内容，如图 4-119 所示。

步骤04 选择要添加形状的位置上方的 SmartArt 图形形状，切换到【SmartArt 工

具 /SmartArt 设计】选项卡，单击【创建图形】组中的【添加形状】下拉按钮，在弹出的下拉列表中单击【在下方添加形状】命令，如图 4-120 所示。

图 4-119　输入文本内容

图 4-120　添加形状

步骤05　　按照步骤 04 中介绍的操作继续添加形状，并在添加的形状中输入文本内容，若需要更改所添加形状的级别，可以选择该形状，单击【创建图形】组中的【升级】按钮，如图 4-121 所示。

步骤06　　按照步骤 04、步骤 05 中介绍的操作继续添加其他形状，完成后的效果如图 4-122 所示。

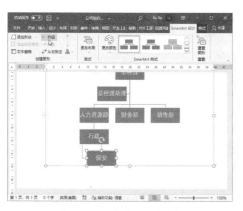

图 4-121　更改形状级别

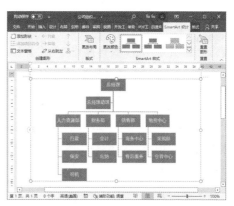

图 4-122　添加形状后的效果

步骤07　　选择 SmartArt 图形，在【SmartArt 工具 /SmartArt 设计】选项卡中，单击【SmartArt 样式】组中的【快速样式】下拉按钮，在弹出的下拉列表中选择需要的样式，如图 4-123 所示。

步骤08　　保持 SmartArt 图形为选中状态，单击【SmartArt 样式】组中的【更改颜色】下拉按钮，在弹出的下拉列表中选择需要的主题颜色，如图 4-124 所示。

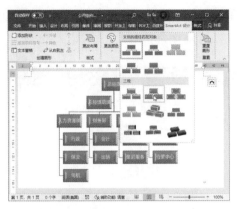

图 4-123　更改 SmartArt 图形样式

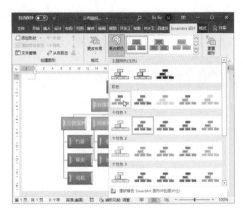

图 4-124　更改 SmartArt 图形主题颜色

4.6 使用表格

当需要处理一些简单的数据信息时，如制作简历表、课程表、通讯录等，可在 Word 2021 中使用表格完成。本节将介绍在 Word 2021 中使用表格的相关操作。

4.6.1 插入表格

在 Word 2021 中，有多种创建表格的方法，灵活使用这些方法，可以快速在文档中创建符合要求的表格，具体操作：先将光标插入点定位到需要插入表格的位置，切换到【插入】选项卡，再单击【表格】组中的【表格】下拉按钮，在弹出的下拉列表中单击相应的命令，使用不同的方法在文档中插入表格。各命令的使用方法如下。

（1）【插入表格】栏：该栏为用户提供了一个 10 列 8 行的虚拟表格，移动鼠标可选择表格的行列值，确定后按下鼠标左键，即可快速插入相应行列数的表格。例如，将鼠标指针移到坐标为 3 列、6 行的单元格上，鼠标指针前的区域将呈选中状态，显示为橙色，此时单击鼠标左键，即可在文档中插入一个 3 列 6 行的表格，如图 4-125 所示。

（2）【插入表格】命令：单击该命令，可以在弹出的【插入表格】对话框中任意设置表格的行数和列数，还可以根据实际情况调整表格的列宽，如图 4-126 所示。

（3）【Excel 电子表格】命令：单击该命令，可以在文档中插入一个 Excel 状态的电子表格，并在表格中输入需要的数据，进行数据处理，如图 4-127 所示。完成输入后，单击文档空白处，即可退出 Excel 表格编辑状态，此时的表格效果如图 4-128 所示。

图 4-125　快速插入表格　　　　　　图 4-126　【插入表格】对话框

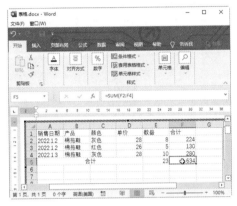

图 4-127　输入数据并进行数据处理　　图 4-128　退出 Excel 表格编辑状态

（4）【绘制表格】命令：单击该命令，鼠标指针呈笔状 ，此时可根据需要自行绘制表格，如图 4-129 所示。完成绘制后，按下【Esc】键即可退出绘制表格状态。

（5）【快速表格】命令：单击该命令，可以快速在文档中插入特定类型的表格，如"表格式列表"等，如图 4-130 所示。

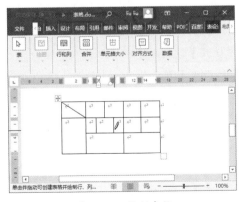

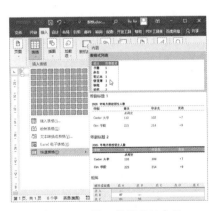

图 4-129　绘制表格　　　　　　图 4-130　插入带样式的表格

4.6.2 编辑表格

插入表格后，在表格中输入文本内容的方法很简单：将光标插入点定位在目标单元格中，输入需要的内容即可。在表格中输入内容与在 Word 中输入内容的方法一样，详情请参考第 2 章，本节不再详述。

输入表格内容后，可以根据实际需要对表格进行编辑，如插入、删除行 / 列，调整行高、列宽等。

1．插入行或列

插入行和列的操作是类似的，本节以插入行为例进行介绍，具体操作如下。

步骤01 打开"素材文件 \ 第 4 章 \ 销售额统计表 .docx"文档，将光标插入点定位在需要插入行的前一行或后一行的单元格中，右击，在弹出的快捷菜单中选择【插入】选项，在弹出的级联列表中单击需要的命令，如图 4-131 所示。

步骤02 在插入的行中输入需要的文本内容，插入行后的效果如图 4-132 所示。

图 4-131　插入行

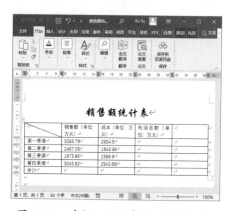

图 4-132　在插入的行中输入文本内容

技能拓展

　　将光标插入点定位在要插入行或列的位置，切换到【表格工具 / 布局】选项卡，在【行和列】组中，单击【在上方插入】按钮或【在下方插入】按钮，可以快速插入空白行，单击【在左侧插入】按钮或【在右侧插入】按钮，可以快速插入空白列。

2．删除行、列或单元格

删除行、列和单元格的操作是类似的，本节以删除列为例进行介绍，具体操作如下。

步骤01 将光标插入点定位在要删除的列中，右击，在弹出的快捷菜单中单击【删除单元格】命令，如图 4-133 所示。

步骤02 弹出【删除单元格】对话框，选择【删除整列】单选钮，单击【确定】按钮，如图 4-134 所示。

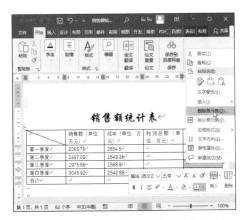

图 4-133　单击【删除单元格】命令　　　　图 4-134　【删除单元格】对话框

　　　将光标插入点定位在要删除的位置，切换到【表格工具 / 布局】选项卡，单击【行和列】组中的【删除】下拉按钮，在弹出的下拉列表中单击需要的命令，即可快速删除行、列或单元格。

3．调整行高和列宽

在文档中插入表格后，如果默认的行高和列宽无法满足用户的需求，用户可以根据需要自行调整表格的行高和列宽。调整行高和列宽的操作是类似的，本节以调整整个表格的行高为例进行介绍，具体操作如下。

步骤01　选择整个表格，或者将光标插入点定位在表格中的任意单元格中，右击，在弹出的快捷菜单中单击【表格属性】命令，如图 4-135 所示。

步骤02　弹出【表格属性】对话框，切换到【行】选项卡，勾选【指定高度】复选框，在右侧的微调框中输入需要的行高值，单击【确定】按钮，如图 4-136 所示。

图 4-135　单击【表格属性】命令　　　　图 4-136　指定行高

4．计算数据

Word 的数据处理能力不如 Excel 强大，只能进行简单的数据运算，在 Word 2021 中使用公式计算数据的具体操作如下。

步骤01 将光标插入点定位在要显示计算结果的单元格中，切换到【表格工具 / 布局】选项卡，单击【数据】组中的【公式】按钮，如图 4-137 所示。

步骤02 弹出【公式】对话框，在【公式】文本框中输入计算公式，单击【确定】按钮，如图 4-138 所示。

图 4-137　单击【公式】按钮　　　　　图 4-138　输入公式

步骤03 按照步骤 02 中介绍的操作，继续计算其他数据，完成计算后的表格效果如图 4-139 所示。

图 4-139　最终效果

4.6.3　美化表格

默认情况下，插入的表格是不带样式的，为了让表格更美观、更有说服力，可根据需要对表格的边框和底纹样式进行设置。

1．套用内置样式

步骤01　选择要设置样式的表格，切换到【表格工具 / 表设计】选项卡，在【表格样式】组中，单击【底纹】下拉按钮，在弹出的下拉列表中选择需要的底纹颜色，如图 4-140 所示。

步骤02　保持表格为选中状态，在【边框】组中，单击【边框】→【边框样式】下拉按钮，在弹出的下拉列表中选择需要的边框样式，如图 4-141 所示。

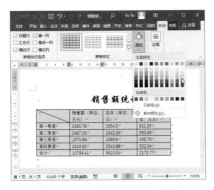

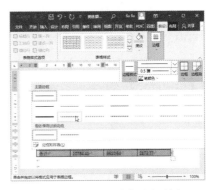

图 4-140　选择表格底纹颜色　　　　图 4-141　选择边框样式

温馨提示

选择边框样式后，【边框】组中的【边框刷】按钮处于选中状态，单击文档任意位置，可以看到鼠标指针变为刷子状，将鼠标指针移到边框任意位置上，单击鼠标左键，即可将所选边框样式应用于此处。

步骤03　单击【边框】组中的【边框】→【边框】下拉按钮，在弹出的下拉列表中选择需要应用边框样式的位置，如图 4-142 所示。

步骤04　若用户觉得分别设置边框样式和底纹样式很麻烦，可以直接套用 Word 内置的表格样式。选择整个表格，在【表格工具 / 表设计】选项卡的【表格样式】组中，单击【其他样式】下拉按钮，在弹出的下拉列表中选择喜欢的表格样式即可，如图 4-143 所示。

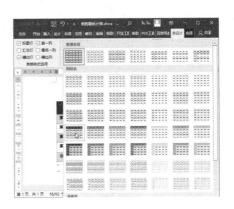

图 4-142　选择边框样式应用位置　　　　　图 4-143　选择表格样式

2. 自定义表格边框样式和底纹样式

如果用户对内置的表格样式不满意，可以手动为表格设置边框样式和底纹样式，具体操作如下。

步骤01　打开"素材文件\第4章\销售额统计表 1.docx"文档，将光标插入点定位在表格中，或选择整个表格，切换到【表格工具/表设计】选项卡，单击【表格样式】组中的【快速样式】下拉按钮，在弹出的下拉列表中单击【新建表格样式】命令，如图 4-144 所示。

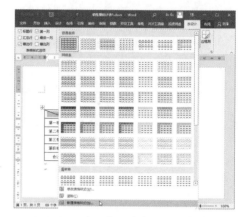

图 4-144　单击【新建表格样式】命令

步骤02　弹出【根据格式化创建新样式】对话框，在【名称】文本框中输入新样式名称，单击【将格式应用于】下拉列表框，在弹出的下拉列表中选择【标题行】选项，随后，在下方设置需要的字体、字号、边框和底纹等样式，如图 4-145 所示。

步骤03　单击【将格式应用于】下拉列表框，在弹出的下拉列表中选择【首列】选项，随后，在下方设置需要的字体、字号、边框和底纹等样式，如图 4-146 所示。

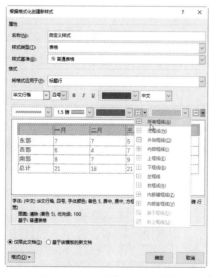

图 4-145　设置【标题行】样式

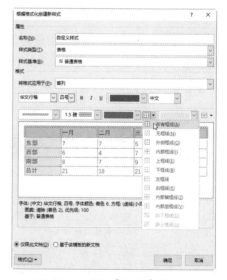

图 4-146　设置【首列】样式

步骤04　单击【将格式应用于】下拉列表框，在弹出的下拉列表中选择【奇条带行】选项，随后，在下方设置需要的样式，如图 4-147 所示。

步骤05　单击【将格式应用于】下拉列表框，在弹出的下拉列表中选择【偶条带行】
选项，随后，在下方设置需要的样式，设置完成后单击【确定】按钮，如图 4-148 所示。

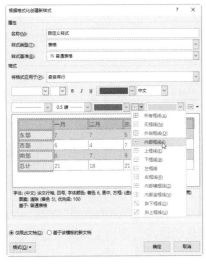

图 4-147　设置【奇条带行】样式

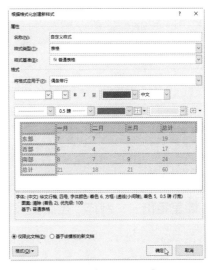

图 4-148　设置【偶条带行】样式

步骤06　在【表格工具 / 表设计】选项卡的【表格样式】组中，单击【快速样式】
下拉按钮，在弹出的下拉列表中选择新建的表格样式，即可快速将其应用到表格中，如
图 4-149 所示。

步骤07　选择要设置对齐方式的表格内容，切换到【表格工具 / 布局】选项卡，
在【对齐方式】组中，单击需要的对齐方式对应的按钮，如图 4-150 所示。

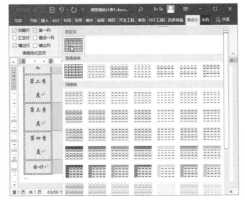

图 4-149　应用新建的表格样式

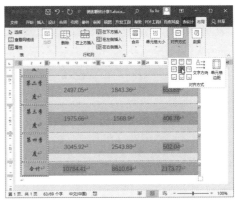

图 4-150　设置文本对齐方式

步骤08　将鼠标指针移到需要调整行高或列宽的边框上，当鼠标指针变为双向箭
头时，按下鼠标左键进行拖动，调整到合适位置时释放鼠标左键，如图 4-151 所示。

步骤09　按照步骤 08 中介绍的操作，继续调整其他行或列的高度和宽度，调整
完成后，单击快速访问工具栏中的【保存】按钮，保存文档，如图 4-152 所示。

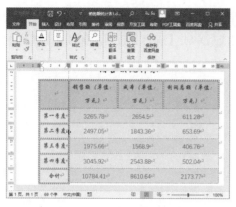

图 4-151　调整行高和列宽

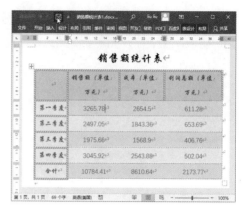

图 4-152　保存文档

📖 课堂范例——制作"差旅费报销单"文档

在 Word 文档中，经常遇到需要展示和处理数据的情况，使用表格展示数据，比使用文字进行描述更加直观。以制作"差旅费报销单"文档为例，介绍在 Word 2021 中使用表格的方法，具体操作如下。

步骤01　新建一个名为"差旅费报销单"的文档，在其中输入文本内容，如图 4-153 所示。

步骤02　将光标插入点定位在要插入表格的位置，切换到【插入】选项卡，单击【表格】组中的【表格】下拉按钮，在弹出的下拉列表中单击【插入表格】命令，如图 4-154 所示。

图 4-153　输入文本内容

图 4-154　单击【插入表格】命令

步骤03　弹出【插入表格】对话框，在【表格尺寸】栏中输入需要的列数和行数，如图 4-155 所示。

步骤04　在表格中的合适位置输入需要的文本，如图 4-156 所示。

步骤05　选择要合并的多个单元格，右击，在弹出的快捷菜单中单击【合并单元格】

命令，如图 4-157 所示。

步骤06　按照步骤05中介绍的操作合并其他单元格，完成后的效果如图4-158所示。

图 4-155　设置表格行列数

图 4-156　在表格中输入文本

图 4-157　单击【合并单元格】命令

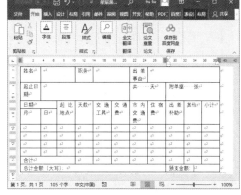

图 4-158　合并单元格后的效果

步骤07　选择某个单元格，将鼠标指针移到单元格边框上，如图 4-159 所示。

步骤08　待鼠标指针变为双向箭头后，按下鼠标左键进行拖动，可调整目标单元格的大小，如图 4-160 所示。

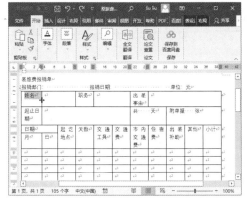

图 4-159　将鼠标指针移到单元格边框上

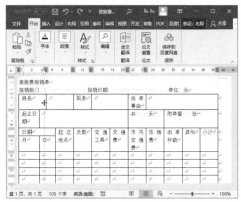

图 4-160　调整单元格大小

步骤09 按照步骤 08 中介绍的操作继续调整其他单元格的大小，完成后的效果如图 4-161 所示。

步骤10 选择要设置文本对齐方式的单元格，在【表格工具 / 布局】选项卡的【对齐方式】组中，单击【居中对齐】按钮，如图 4-162 所示。

图 4-161 调整单元格大小后的效果　　图 4-162 设置单元格对齐方式

步骤11 选择标题文本，单击【开始】选项卡【段落】组中的【居中】按钮，如图 4-163 所示。

步骤12 保持标题文本为选中状态，单击【字体】组中的【字体】下拉列表框，在弹出的下拉列表中选择合适的标题字体，如图 4-164 所示。

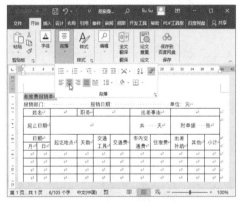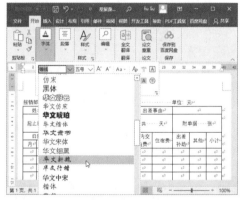

图 4-163 设置标题文本居中对齐　　图 4-164 设置标题字体

步骤13 保持标题文本为选中状态，单击【字体】组中的【字号】下拉列表框，在弹出的下拉列表中选择合适的标题字号，如图 4-165 所示。

步骤14 保持标题文本为选中状态，单击【字体】组中【下划线】按钮右侧的下拉按钮，在弹出的下拉列表中选择【双下划线】选项，如图 4-166 所示。

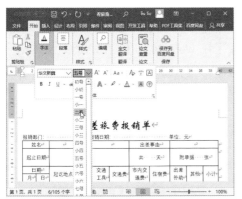

图 4-165　设置标题字号

图 4-166　添加下划线

步骤15　返回 Word 文档，单击快速访问工具栏中的【保存】按钮，即可保存文档，如图 4-167 所示。

图 4-167　保存文档

课堂问答

问题❶：如何为纯色背景的图片去除背景

答：在 Word 文档中，选择需要去除纯色背景的图片，单击【图片工具 / 图片格式】选项卡中的【删除背景】按钮，图片中被紫色覆盖的区域即为清除区域，拖动矩形框控制柄，选择要保留的主题范围，完成后单击【保留更改】按钮，即可完成去除背景操作。

问题❷：如何快速将文本内容转换为表格

答：如果每项内容之间均以逗号（英文状态下输入）、段落标记或制表位等特定符号进行了间隔，则这类文本可以被转换为表格。首先，选择要转换为表格的文本，切换到【插入】选项卡，然后，单击【表格】组中的【表格】按钮，在弹出的下拉列表中单击【文本转换成表格】命令，最后，在弹出的【将文字转换成表格】对话框中选择【根据内容调整表格】单选钮，设置完成后单击【确定】按钮即可。

上机实战——制作"失物招领启事"文档

通过对本章内容的学习，相信读者已掌握了在 Word 2021 中应用图片、文本框、艺术字、表格等对象的相关操作。下面，我们以制作"失物招领启事"文档为例，讲解图文混排的综合技能应用。

效果展示

"失物招领启事"文档素材如图 4-168 所示，效果如图 4-169 所示。

图 4-168　素材

图 4-169　效果

思路分析

"失物招领启事"文档的内容很简单，简明扼要地阐述招领的是什么物品、拾获时间和联系方式等信息即可，为了让文档更易吸引目标受众的注意力，可将标题设置为艺术字，并将失物图片展示在文档中。

制作步骤

步骤01　新建一个名为"失物招领启事"的文档，在其中输入文本内容，如图 4-170 所示。

步骤02　选择文本内容，在【开始】选项卡的【字体】组中设置字体和字号等字体格式，如图 4-171 所示。

图 4-170　输入文本内容

图 4-171　设置字体格式

步骤03　选择要设置段落格式的文本内容，单击【开始】选项卡【段落】组右下角的展开按钮，如图 4-172 所示。

步骤04　弹出【段落】对话框，将【缩进】方式设为【首行】缩进【2 字符】，设置完成后单击【确定】按钮，如图 4-173 所示。

图 4-172　单击【段落】组右下角的展开按钮　　　　图 4-173　设置段落格式

步骤05　选择文档末尾的时间文本，单击【开始】选项卡【段落】组中的【右对齐】按钮，如图 4-174 所示。

步骤06　选择标题文本，切换到【插入】选项卡，单击【文本】组中的【艺术字】下拉按钮，在弹出的下拉列表中选择一种醒目的艺术字样式，如图 4-175 所示。

图 4-174　设置落款右对齐　　　　　　　图 4-175　设置艺术字标题

步骤07　选择艺术字标题，在【绘图工具 / 形状格式】选项卡中，单击【排列】组中的【环绕文字】下拉按钮，在弹出的下拉列表中单击【嵌入型】命令，如图 4-176 所示。

步骤08　保持艺术字标题为选中状态，在【开始】选项卡的【字体】组中，根据需要设置艺术字标题的字体和字号等字体格式，如图 4-177 所示。

图 4-176　设置艺术字排列方式

图 4-177　设置艺术字标题的字体格式

步骤09　将光标插入点定位在需要插入失物图片的位置，切换到【插入】选项卡，单击【插图】组中的【图片】下拉按钮，在弹出的下拉列表中单击【此设备】命令，如图 4-178 所示。

步骤10　弹出【插入图片】对话框，选择要插入的图片，单击【插入】按钮，如图 4-179 所示。

图 4-178　单击【此设备】命令

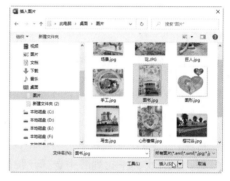

图 4-179　插入图片

步骤11　选择插入的图片，将鼠标指针移到任意控制点上，待鼠标指针变为双向箭头时，按下鼠标左键进行拖动，拖动到合适大小后释放鼠标左键，如图 4-180 所示。

步骤12　保持图片为选中状态，单击【开始】选项卡【段落】组中的【居中】按钮，如图 4-181 所示。

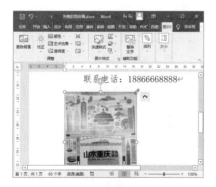

图 4-180　调整图片大小

图 4-181　设置图片居中对齐

步骤13　设置完成后，单击快速访问工具栏中的【保存】按钮，如图4-182所示。

图 4-182　单击【保存】按钮

同步训练——制作"个人简历"文档

完成对上机实战案例的学习后，为了提高大家的动手能力，下面安排一个同步训练案例，以期达到举一反三、触类旁通的学习效果。

图解流程

同步训练案例的流程图解如图 4-183 所示。

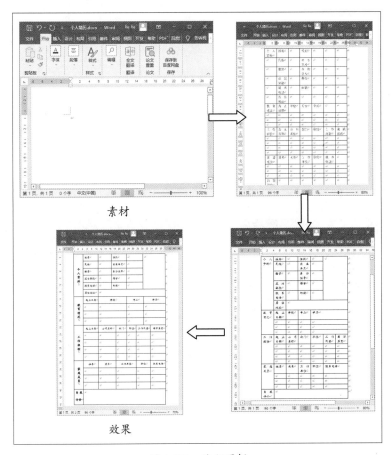

素材

效果

图 4-183　流程图解

制作"个人简历"文档时，首先需要在文档中插入表格，并根据内容添加或删除行/列、拆分或合并单元格，然后根据页面空间调整表格的行高和列宽，最后对表格的位置和表格中文本内容的字体格式进行设置。

关键步骤

步骤01　打开"素材文件\第4章\个人简历.docx"文档，切换到【插入】选项卡，单击【表格】组中的【表格】下拉按钮，在弹出的下拉列表中单击【插入表格】命令，如图4-184所示。

步骤02　弹出【插入表格】对话框，在【表格尺寸】栏中输入需要的列数和行数，单击【确定】按钮，如图4-185所示。

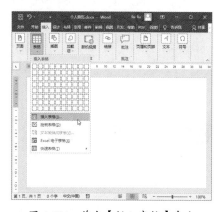

图4-184　单击【插入表格】命令　　　　图4-185　设置表格行列数

步骤03　在插入的表格中输入需要的文本内容，如图4-186所示。

步骤04　若有行列需要删除，将其选中后右击，在弹出的快捷菜单中单击需要的删除命令即可，本例单击【删除列】命令，如图4-187所示。

图4-186　在表格中输入文本内容　　　　图4-187　单击【删除列】命令

步骤05 若需要合并单元格，可选择要合并的多个单元格，右击，在弹出的快捷菜单中单击【合并单元格】命令，如图 4-188 所示。

步骤06 按照步骤 05 中介绍的操作合并其他需要合并的单元格，完成后的效果如图 4-189 所示。

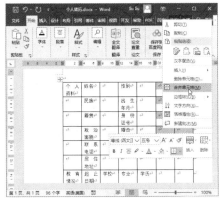

图 4-188 单击【合并单元格】命令　　　　图 4-189 合并单元格后的效果

步骤07 选择整个表格，在【开始】选项卡的【字体】组中设置文本内容的字体、字号等字体格式，如图 4-190 所示。

步骤08 将鼠标指针移到要调整的表格边框上，按下鼠标左键进行拖动，拖动到合适位置后释放鼠标左键，如图 4-191 所示。

图 4-190 设置文本内容的字体格式　　　　图 4-191 调整单元格大小

步骤09 按照步骤 08 中介绍的操作调整其他单元格的大小，完成调整后的效果如图 4-192 所示。

步骤10 选择要更改文字方向的文本内容，切换到【布局】选项卡，单击【页面设置】组中的【文字方向】下拉按钮，在弹出的下拉列表中单击【垂直】命令，如图 4-193 所示。

图 4-192 调整单元格大小后的效果

图 4-193 设置文字方向

步骤11 保持文本内容为选中状态,在【开始】选项卡的【字体】组中,设置垂直文本内容的字体格式,如图 4-194 所示。

步骤12 保持文本内容为选中状态,在【开始】选项卡的【段落】组中,单击【居中】按钮,如图 4-195 所示。

图 4-194 设置垂直文本内容的字体格式

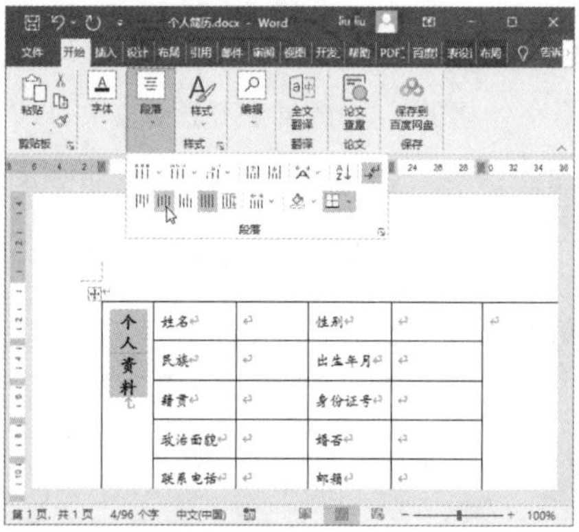

图 4-195 设置垂直文本内容的对齐方式

步骤13 根据需要设置其他单元格的对齐方式,设置完成后单击快速访问工具栏中的【保存】按钮,保存文档,如图 4-196 所示。

图 4-196 保存文档

知识能力测试

本章讲解了在 Word 文档中应用图片、形状、文本框、艺术字、SmartArt 图形、表格等元素的相关操作，为对知识进行巩固和考核，布置相应的练习题。

一、填空题

1. Word 2021 有绘制形状的功能，在 Word 文档中，可以绘制出＿＿＿＿、＿＿＿＿、＿＿＿＿、＿＿＿＿、＿＿＿＿、＿＿＿＿、＿＿＿＿和＿＿＿＿等多种类型的形状。

2. 在 Word 文档中绘制形状时，形状自带默认背景色，Word 2021 中的形状默认背景色为＿＿＿＿。

3. Word 2021 内置多种类型的 SmartArt 图形，若需要显示某个流程的顺序步骤，可以选择＿＿＿＿类型；若需要显示组织中的分层信息或上下级关系，可以选择＿＿＿＿类型；若需要显示阶段或事件的连续顺序，可以选择＿＿＿＿类型。

二、选择题

1. 在 Word 文档中插入表格时，可使用虚拟表格插入的最大行列数为（　　　）。

　A．6 行 *8 列　　　　B．8 行 *8 列　　　C．10 行 *8 列　　　D．8 行 *10 列

2. 选择已插入到文档中的图片，将鼠标指针移到四周的任意控制点上，当鼠标指针变为双向箭头时，按住鼠标左键进行拖动，即可调整图片大小，此时按住（　　　）键，可等比例调整图片大小。

　A．【Shift】　　　B．【Ctrl】　　　C．【Alt】　　　D．【Tab】

3. 裁剪图像时，调整裁剪区域后，在该区域内双击，或者按下（　　　）键，即可将未框选的图像裁掉。

　A．【Tab】　　　B．【Ctrl】　　　C．【Shift】　　　D．【Enter】

三、简答题

1. 在 Word 文档中插入多个形状后，如何在调整一个形状的位置和大小时，使其他形状跟随移动或同时改变大小？

2. 如何在 Word 文档中插入表格？

Office
2021

第 5 章
Word 模板、样式和主题的应用

　　Word 的功能非常强大，若用户在编排文档的过程中对软件内置的样式不满意，可以直接使用包含样式的自定义模板，也可以自定义部分样式。本章将介绍 Word 模板、样式和主题的使用方法，帮助读者更加高效地设置和编排文档。

学习目标

- 熟练掌握模板的创建和应用
- 熟练掌握样式的创建和应用
- 熟练掌握样式集与主题的应用

5.1 模板的创建和应用

Word 2021 内置多种类型的模板文件，美观大方且适用于日常工作中的大多数场合，方便用户快速制作出符合需求的文档。如果用户对内置的模板文件不满意，还可以自定义设置模板文件，并在日后的工作中调用。

5.1.1 基于模板创建文档

若用户觉得设置文档格式太麻烦，可以选用合适的 Word 模板文件，直接在其中编辑文档内容。基于模板创建文档的具体操作如下。

步骤01　启动 Word 2021，在程序窗口界面单击【文件】选项卡，如图 5-1 所示。

步骤02　打开【文件】界面，切换到【新建】选项卡，在右侧单击需要的模板，如图 5-2 所示。

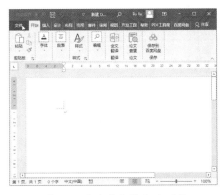

图 5-1　单击【文件】选项卡

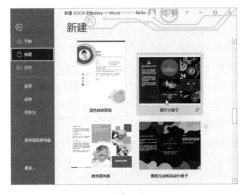

图 5-2　单击模板

步骤03　在弹出的窗口中单击【创建】按钮，如图 5-3 所示。

步骤04　返回 Word 文档，即可看到应用所选模板后的效果，如图 5-4 所示。在该界面，可以直接进行文档编辑。

图 5-3　单击【创建】按钮

图 5-4　应用模板后的效果

5.1.2 创建模板文件

创建模板文件的操作很简单，在普通文档中设置相关格式或样式后，将其保存为模板文件即可。以将已设置格式的文档创建为模板文件为例，具体操作如下。

步骤01 打开"素材文件\第5章\通知.docx"文档，单击【文件】选项卡，如图5-5所示。

步骤02 切换到【另存为】选项卡，单击【其他位置】栏中的【浏览】按钮，如图5-6所示。

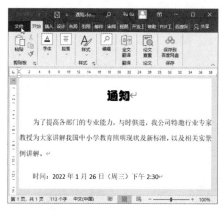
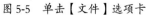

图 5-5 单击【文件】选项卡

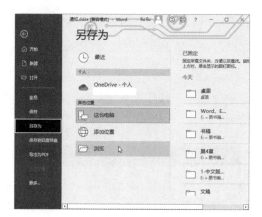

图 5-6 单击【浏览】按钮

步骤03 弹出【另存为】对话框，单击【保存类型】下拉列表框，选择【Word模板 (*.dotx)】选项，设置模板文件的保存位置并在文件名文本框中输入模板文件的名称，单击【保存】按钮，如图5-7所示。

步骤04 在弹出的提示对话框中单击【确定】按钮，如图5-8所示。

图 5-7 另存为模板文件

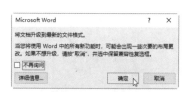

图 5-8 单击【确定】按钮

课堂范例——创建并调用"个人简历"模板文件

以创建并调用"个人简历"模板文件为例，介绍创建 Word 模板文件和调用模板文件的方法，具体操作如下。

步骤01 打开"素材文件 \ 第 5 章 \ 个人简历 .docx"文档，切换到【文件】选项卡，如图 5-9 所示。

步骤02 打开【文件】界面，切换到【另存为】选项卡，单击【其他位置】栏中的【浏览】按钮，如图 5-10 所示。

图 5-9　切换到【文件】选项卡

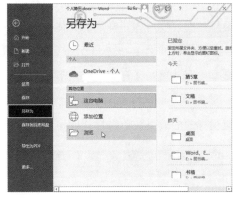

图 5-10　单击【浏览】按钮

步骤03 弹出【另存为】对话框，单击【保存类型】下拉列表框，选择【Word 模板 (*.dotx)】选项，将模板文件的保存位置设为"D:\Documents\ 自定义 Office 模板"，将模板文件的文件名设为"个人简历"，单击【保存】按钮，如图 5-11 所示。

步骤04 若需要调用模板文件，可以打开【文件】界面，切换到【新建】选项卡，单击界面右侧【个人】选项区域中的模板文件，快速调用，如图 5-12 所示。

图 5-11　另存为模板文件

图 5-12　调用模板文件

5.2 样式的创建和应用

对长文档进行编排时，逐一设置文档格式非常麻烦，使用样式对长文档进行排版，可以减少工作量，提高工作效率。

5.2.1 应用内置样式

Word 2021 内置多种样式供用户选择，使用内置样式编排文档，可以提高用户的文档编排效率。使用内置样式的具体操作如下。

步骤01 打开"素材文件\第 5 章\会议纪要 .docx"文档，选择要应用内置样式的文本内容，单击【开始】选项卡中的【样式】下拉按钮，如图 5-13 所示。

步骤02 在弹出的下拉列表中，将鼠标指针移到需要的样式上，文档中将同步显示应用样式的效果，单击样式即可完成应用，如图 5-14 所示。

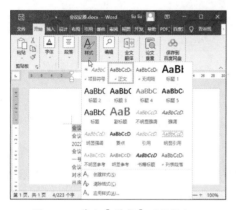

图 5-13 单击【样式】下拉按钮

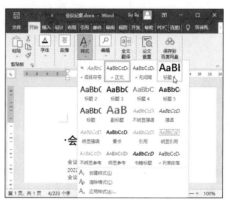

图 5-14 单击应用样式

5.2.2 创建样式

若用户对软件内置样式不满意，可以根据实际需要创建自定义样式，再调用自定义样式，在 Word 2021 中创建样式的具体操作如下。

步骤01 选择要设置样式的文本内容，单击【开始】选项卡【样式】组中的【样式】下拉按钮，在弹出的下拉列表中单击【创建样式】命令，如图 5-15 所示。

步骤02 弹出【根据格式化创建新样式】对话框，在【名称】文本框中输入新建样式的名称，单击【修改】按钮，如图 5-16 所示。

步骤03 在弹出的对话框中根据需要设置字体格式和对齐方式，设置完成后，单击对话框下方的【格式】下拉按钮，在弹出的下拉列表中单击【段落】命令，如图 5-17 所示。

步骤04 弹出【段落】对话框，根据需要设置缩进方式和段落间距等段落格式，设置完成后单击【确定】按钮，如图 5-18 所示。

图 5-15 单击【创建样式】命令

图 5-16 设置新样式名称

图 5-17 设置字体格式和对齐方式

图 5-18 设置段落格式

步骤05 返回【根据格式化创建新样式】对话框，可以看到设置字体格式、对齐方式和段落格式后的效果，单击【确定】按钮，如图 5-19 所示。

步骤06 选择要应用新建样式的段落，单击【开始】选项卡【样式】组中的【样式】下拉按钮，在弹出的下拉列表中选择新建的样式，即可快速将新样式应用到所选段落中，如图 5-20 所示。

图 5-19 单击【确定】按钮

图 5-20 应用新样式

5.3 样式集与主题的应用

样式集与主题都是用于统一改变文档格式的工具，二者针对的格式类型有所不同，但是使用时都能达到快速编排文档的效果。

5.3.1 应用样式集

应用样式集，可以快速改变整个文档的字体格式和段落格式，提高排版效率。在 Word 2021 中，若已为文档应用了内置样式，使用样式集可快速应用新样式，若未为文档应用内置样式，可直接应用样式集，具体操作如下。

步骤01 打开"素材文件\第 5 章\会议纪要 .docx"文档，切换到【设计】选项卡，单击【文档格式】组中的【样式集】下拉按钮，在弹出的下拉列表中选择需要的样式集，如图 5-21 所示。

步骤02 切换到【开始】选项卡，单击【样式】组右下角的展开按钮，如图 5-22 所示。

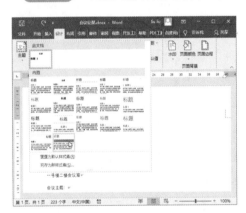

图 5-21　选择样式集

图 5-22　单击【样式】组右下角的展开按钮

步骤03 选择要应用样式的文本，在右侧的【样式】任务窗格中单击需要的样式，即可将样式快速应用于所选文本，如图 5-23 所示。

图 5-23　为文本应用样式

步骤04 按照步骤 03 中介绍的操作，继续为文档中的其他段落应用样式，完成后的效果如图 5-24 所示。

图 5-24　应用样式后的效果

温馨提示

样式集中的样式是相对于【开始】选项卡【样式】组中的内置样式而言的新样式，选择样式集中的样式后，样式会自动应用到目标对象上，不需要用户再单击【样式】任务窗格中的样式进行设置。

5.3.2　应用主题

主题是将不同的字体、颜色、形状效果等组合在一起形成的多种不同的界面设计方案。Word 2021 内置多种主题样式，使用内置主题样式，可以快速改变整个文档的外观，具体操作如下。

步骤01 打开"素材文件\第 5 章\会议纪要 1.docx"文档，切换到【设计】选项卡，单击【文档格式】组中的【主题】下拉按钮，在弹出的下拉列表中选择需要的主题，如图 5-25 所示。

步骤02 返回 Word 文档，即可看到应用主题后的效果，如图 5-26 所示。

图 5-25　选择主题

图 5-26　应用主题后的效果

课堂范例——自定义主题颜色和字体

应用主题后，若用户对主题中的字体颜色和字体不满意，可以手动更改。以更改应用主题样式后的主题字体颜色和字体为例，具体操作如下。

步骤01　打开"素材文件\第5章\会议纪要2.docx"文档，切换到【设计】选项卡，单击【文档格式】组中的【颜色】下拉按钮，在弹出的下拉列表中选择需要的颜色，即可更改文档的主题颜色，如图5-27所示。

步骤02　单击【文档格式】组中的【字体】下拉按钮，在弹出的下拉列表中选择需要的字体，即可更改主题字体，如图5-28所示。

图 5-27　更改主题颜色　　　　　　图 5-28　更改主题字体

课堂问答

问题❶：如何保护样式不被修改

答：单击【样式】窗格中的【管理样式】按钮，打开【管理样式】对话框，切换到【限制】选项卡，在列表框中选择需要保护的一个样式或多个样式，勾选【仅限对允许的样式进行格式化】复选框，单击【限制】按钮，即可看到所选样式的前面出现带锁标记。

问题❷：如何保存新主题

答：在文档中新建主题样式后，可以将其保存，方便以后调用，方法：单击【设计】选项卡中的【主题】下拉按钮，在弹出的下拉列表中单击【保存当前主题】命令，弹出【保存当前主题】对话框，保存位置自动定位到【Document Themes】文件夹中，设置主题名称后单击【保存】按钮即可。

上机实战——制作"工作证明"模板文件

通过对本章内容的学习，相信读者已掌握了在 Word 2021 中对模板进行相关操作的方法。下面，我们以制作"工作证明"模板文件为例，讲解模板的综合技能应用。

效果展示

"工作证明"文档素材如图 5-29 所示，模板效果如图 5-30 所示。

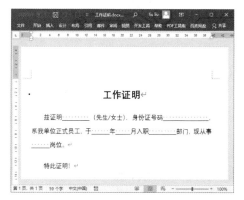

图 5-29　素材（Word 文档）

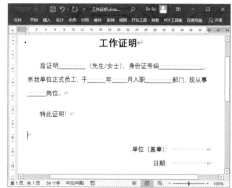

图 5-30　效果（Word 模板）

思路分析

将常用的 Word 文档设为模板文件，可以方便以后直接调用。制作"工作证明"模板文件时，首先，在素材文件中设置"工作证明"文档的相关格式，然后，打开【另存为】对话框，设置模板文件的保存类型、保存路径和文件名，最后，单击【保存】按钮，保存模板文件。

制作步骤

步骤01　打开"素材文件 \ 第 5 章 \ 工作证明 .docx"文档，切换到【文件】选项卡，如图 5-31 所示。

步骤02　打开【文件】界面，切换到【另存为】选项卡，单击【浏览】按钮，如图 5-32 所示。

图 5-31　切换到【文件】选项卡

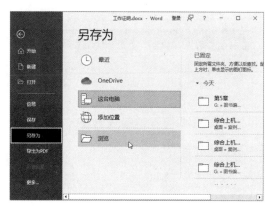

图 5-32　单击【浏览】按钮

步骤03 在弹出的【另存为】对话框中，单击【保存类型】下拉列表框，选择【Word 模板 (*.dotx)】选项，此时，文件的保存位置默认为"D:\Documents\ 自定义 Office 模板"文件夹，保持默认文件名不变，单击【保存】按钮，如图 5-33 所示。

图 5-33 保存模板文件

🌐 同步训练——在"考勤管理制度"文档中创建和应用样式

完成对上机实战案例的学习后，为了提高大家的动手能力，下面安排一个同步训练案例，以期达到举一反三、触类旁通的学习效果。

图解流程

同步训练案例的流程图解如图 5-34 所示。

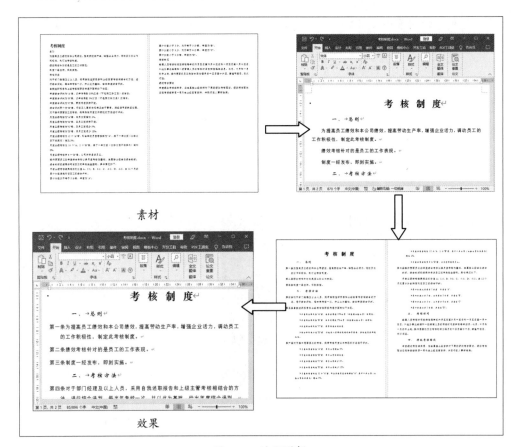

图 5-34 流程图解

思路分析

制度类文档通常涉及许多条款，用项目符号或编号对文档进行编排，可以让其显得条理清晰。本例首先为标题应用样式，然后创建编号样式并应用、设置、更新正文样式，最后创建条例和项目符号样式并应用。

关键步骤

步骤01　打开"素材文件\第5章\考核制度.docx"文档，选择标题文本，单击【开始】选项卡中的【样式】下拉按钮，在弹出的下拉列表中选择需要的标题样式，本例选择【标题 1】样式，如图 5-35 所示。

步骤02　如果用户对标题样式不满意，可以进行自定义更改。在【样式】下拉列表中右击已应用的标题样式，在弹出的快捷菜单中单击【更新 标题 1 以匹配所选内容】命令，如图 5-36 所示。

图 5-35　选择标题样式

图 5-36　更新标题样式

步骤03　如果用户需要创建新样式，可以选择要创建样式的文本，单击【样式】下拉按钮，在弹出的下拉列表中单击【创建样式】命令，如图 5-37 所示。

步骤04　弹出【根据格式化创建新样式】对话框，在【名称】文本框中输入新样式名称，单击【修改】按钮，如图 5-38 所示。

图 5-37　单击【创建样式】命令

图 5-38　单击【修改】按钮

步骤05 在弹出的对话框中设置字体格式后，单击【格式】按钮，在弹出的下拉列表中单击【编号】命令，如图 5-39 所示。

步骤06 弹出【编号和项目符号】对话框，选择需要的编号样式，单击【确定】按钮，如图 5-40 所示。

图 5-39 单击【编号】命令

图 5-40 选择编号样式

步骤07 返回上一级对话框，单击【确定】按钮，如图 5-41 所示。

步骤08 选择要应用新样式的文本，单击【样式】下拉按钮，在弹出的下拉列表中选择新创建的样式，即可快速将新样式应用到所选文本中，如图 5-42 所示。

图 5-41 单击【确定】按钮

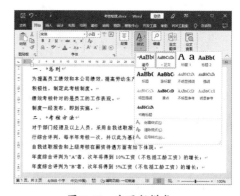

图 5-42 应用新样式

步骤09 为更多正文段落设置样式时，单击【样式】下拉按钮，在弹出的下拉列表中右击【正文】样式，在弹出的快捷菜单中单击【更新 正文 以匹配所选内容】命令，即可将更新后的样式应用到其他正文段落中，如图 5-43 所示。

步骤10 选择要设置条例样式的段落，在【样式】下拉列表中单击【创建样式】命令，如图 5-44 所示。

步骤11 弹出【根据格式化创建新样式】对话框，在【名称】文本框中输入名称"条例"，单击【修改】按钮，如图5-45所示。

步骤12　在弹出的对话框中设置字体格式后，单击【格式】按钮，在弹出的下拉
列表中单击【编号】命令，如图5-46所示。

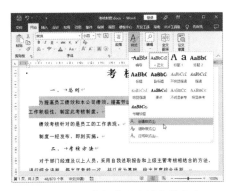

图5-43　单击【更新 正文 以匹配所选内容】命令　　图5-44　单击【创建样式】命令

图5-45　单击【修改】按钮　　　　图5-46　单击【编号】命令

步骤13　弹出【编号和项目符号】对话框，选择需要的编号样式，单击【确定】
按钮，如图5-47所示。

步骤14　返回上一级对话框，再次单击【格式】按钮，在弹出的下拉列表中单击【段
落】命令，如图5-48所示。

图5-47　选择编号样式　　　　图5-48　单击【段落】命令

步骤15 根据需要设置段落缩进和间距后，单击【确定】按钮，如图 5-49 所示。

步骤16 返回上一级对话框，单击【确定】按钮，如图 5-50 所示。

图 5-49 设置段落缩进和间距

图 5-50 单击【确定】按钮

步骤17 选择要应用条例样式的文本，单击【样式】下拉按钮，在弹出的下拉列表中选择【条例】样式，即可快速将该样式应用到所选段落中，如图 5-51 所示。

步骤18 将光标插入点定位在要设置项目符号的段落中，在【样式】下拉列表中单击【创建样式】命令，如图 5-52 所示。

图 5-51 应用【条例】样式

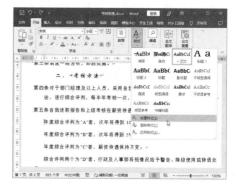

图 5-52 单击【创建样式】命令

步骤19 弹出【根据格式化创建新样式】对话框，在【名称】文本框中输入名称"项目符号"，单击【修改】按钮，如图 5-53 所示。

步骤20 在弹出的对话框中设置字体格式，单击【格式】按钮，在弹出的下拉列表中单击【编号】命令，如图 5-54 所示。

步骤21 弹出【编号和项目符号】对话框，切换到【项目符号】选项卡，选择需要的项目符号样式，单击【确定】按钮，如图 5-55 所示。

步骤22 返回上一级对话框，单击【确定】按钮，如图 5-56 所示。

图 5-53 单击【修改】按钮

图 5-54 单击【编号】按钮

图 5-55 选择项目符号样式

图 5-56 单击【确定】按钮

步骤23 选择要应用项目符号样式的段落，单击【样式】下拉按钮，在弹出的下拉列表中选择【项目符号】样式，即可将该样式快速应用到所选段落中，如图 5-57 所示，设置完成后保存文档。

图 5-57 应用项目符号样式

知识能力测试

本章讲解了 Word 模板、样式和主题的使用方法，为对知识进行巩固和考核，布置相应的练习题。

一、填空题

1．选择整篇文档，单击【开始】选项卡【样式】组中的【样式】下拉按钮，在弹出的下拉列表中单击_____命令，可使所有文本的样式变为默认样式。

2．单击【开始】选项卡【样式】组中的【样式】下拉按钮，在弹出的下拉列表中单击_____命令，可以创建新样式，此外，还可以在【样式】任务窗格中单击_____按钮创建新样式。

3．自定义主题后，在【主题】下拉列表中单击【保存当前主题】命令，即可保存新主题。默认情况下，【Document Themes】文件夹中的_____文件夹用于存放自定义主题字体，_____文件夹用于存放自定义主题颜色，_____文件夹用于存放自定义主题效果。

二、选择题

1．Word 模板文件具有特殊的文件格式，其中，文件扩展名为（ ）时，是不包含 VBA 代码的一般模板，扩展名为（ ）时，是包含 VBA 代码的模板。

    A．【.docx】   B．【.dotx】   C．【.docm】   D．【.dotm】

2．如果需要在 Word 文档中应用内置主题颜色或样式集，应该在（ ）选项卡中进行操作。

    A．【开始】   B．【插入】   C．【设计】   D．【布局】

3．在 Word 程序窗口中，按（ ）组合键，可以快速打开【样式】任务窗格。

    A．【Ctrl+S】   B．【Shift+S】

    C．【Ctrl+Shift+S】   D．【Ctrl+Shift+Alt+S】

三、简答题

1．如何删除内置样式以外的多余样式？

2．如何保存自定义主题？

Office
2021

第 6 章
Excel 电子表格的创建与编辑

　　Excel 2021 是 Office 2021 办公软件集中专门用来制作电子表格的组件，熟练使用 Excel，可以大大提高数据处理与分析的能力。本章将具体介绍有关工作簿、工作表的基本操作，以及如何在单元格中输入与编辑数据。

学习目标

- 熟练掌握有关工作簿、工作表的基本操作
- 熟练掌握在 Excel 中输入和编辑各种数据的方法
- 熟练掌握行和列的编辑方法
- 熟练掌握有关单元格的基本操作
- 熟练掌握单元格格式的设置方法

6.1 工作表的基本操作

工作表是由多个单元格组合而成的平面二维表格，可对工作表进行的基本操作包括插入工作表、重命名工作表、移动和复制工作表、隐藏和显示工作表等。

6.1.1 插入工作表

在 Excel 2021 中，默认情况下，一个工作簿中仅包含 1 个工作表，这通常无法满足用户的使用需求。要在 Excel 2021 中插入工作表，可以使用下面几种方法实现。

（1）单击工作表标签栏右侧的【插入工作表】按钮⊕。

（2）单击【开始】选项卡【单元格】组中的【插入】下拉按钮，在弹出的下拉列表中单击【插入工作表】命令，如图 6-1 所示。

（3）按【Shift+F11】组合键。

（4）右击工作表标签，在弹出的快捷菜单中单击【插入】命令，打开【插入】对话框。在弹出的【插入】对话框中，双击【工作表】选项，或者选择【工作表】选项后单击【确定】按钮，如图 6-2 所示。

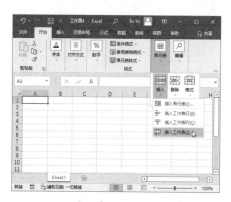

图 6-1 单击【插入工作表】命令

图 6-2 选择【工作表】选项后单击【确定】按钮

按住【Shift】键的同时选择多张工作表，单击【开始】选项卡【单元格】组中的【插入】按钮，在弹出的下拉列表中单击【插入工作表】命令，可以一次插入多张工作表。

6.1.2　重命名工作表

默认情况下，工作表以"Sheet1""Sheet2""Sheet3"……的形式依次命名，为了更方便地了解工作表的内容，用户可以在完成工作表编辑后，根据表格内容对工作表进行重命名。在 Excel 2021 中重命名工作表的方法有以下两种。

（1）在 Excel 窗口中，双击需要重命名的工作表标签，工作表标签进入可编辑状态后，输入新的工作表名称，按下【Enter】键确认即可，如图 6-3 所示。

（2）右击工作表标签，在弹出的快捷菜单中单击【重命名】命令，如图 6-4 所示，工作表标签进入可编辑状态后，输入新的工作表名称，按下【Enter】键确认。

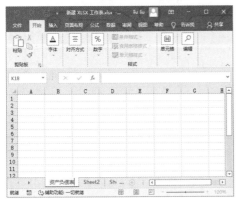

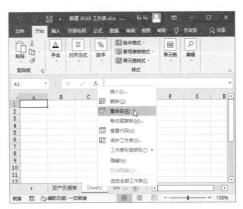

图 6-3　双击工作表标签更改工作表名称　　　图 6-4　使用快捷菜单重命名工作表

6.1.3　移动和复制工作表

移动和复制工作表是使用 Excel 管理数据时的常用操作，主要分为工作簿内操作与跨工作簿操作两种情况，下面分别进行介绍。

1．工作簿内操作

在工作簿内移动或复制工作表的方法很简单，使用鼠标进行拖动即可，具体方法如下。

移动工作表：将鼠标指针移到需要移动的工作表的标签上，按下鼠标左键后拖动鼠标，将工作表标签拖动到目标位置后释放鼠标左键即可。

复制工作表：将鼠标指针移到需要复制的工作表的标签上，在按下鼠标左键拖动工作表的同时按住【Ctrl】键，将复制后的工作表拖动到目标位置后释放鼠标左键即可。

2．跨工作簿操作

跨工作簿移动或复制工作表的方法较为复杂。以将"登记表"工作表复制到"员工考勤表"工作簿中为例，具体操作如下。

步骤01 同时打开"员工考勤表 .xlsx"和"员工信息表 .xlsx"，在"员工信息表"工作簿中右击"登记表"标签，在弹出的快捷菜单中单击【移动或复制】命令，如图 6-5 所示。

步骤02 弹出【移动或复制工作表】对话框，在【工作簿】下拉列表框中选择【员工考勤表】选项，在【下列选定工作表之前】列表框中，选择移动"登记表"后要粘贴在"员工考勤表"中的位置，勾选【建立副本】复选框，单击【确定】按钮，如图 6-6 所示。

图 6-5 单击【移动或复制】命令

图 6-6 选择目标位置

 技 能 拓 展

　　在【移动或复制工作表】对话框中，若勾选【建立副本】复选框，为复制工作表，若不勾选【建立副本】复选框，为移动工作表。

6.1.4 隐藏和显示工作表

　　为了避免无关人员看到工作表中的重要信息，用户可以将包含重要信息的工作表隐藏起来。隐藏工作表的方法很简单：右击要隐藏的工作表的标签，在弹出的快捷菜单中单击【隐藏】命令，如图 6-7 所示。

　　隐藏工作表后，如果需要将其显示，进行查看或编辑，可以右击隐藏了工作表的工作簿中的任意工作表标签，在弹出的快捷菜单中单击【取消隐藏】命令，在打开的【取消隐藏】对话框中选择要显示的工作表，单击【确定】按钮，如图 6-8 所示。

图 6-7 单击【隐藏】命令

图 6-8 【取消隐藏】对话框

技能拓展

在执行了隐藏工作表操作的工作簿中的任意工作表中，切换到【开始】选项卡，单击【单元格】组中的【格式】下拉按钮，在弹出的下拉列表中单击【隐藏或取消隐藏】命令，在弹出的级联列表中单击【取消隐藏工作表】命令，在弹出的【取消隐藏】对话框中选择要显示的工作表名称，单击【确定】按钮，也可以将隐藏工作表显示出来。

6.2　输入和编辑数据

要进行 Excel 表格制作和数据分析，输入数据是第一步，输入数据后，可以根据实际需要对数据进行编辑。

6.2.1　输入数据

输入数据是使用 Excel 时必不可少的操作，表格数据包括常规数据和特殊数据，下面对常用表格数据的输入方法进行介绍。

1．输入数字和文字

数字和文字是 Excel 表格中重要的数据类型，在表格中输入该类数据的方法很简单：若要输入数字，选择目标单元格，使用键盘直接输入数字即可，如图 6-9 所示；若要输入文字，可切换到中文输入法，选择目标单元格，使用键盘输入文字，如图 6-10 所示。

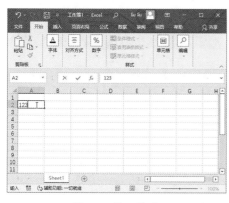

图 6-9　输入数字

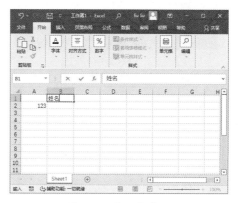

图 6-10　输入文字

2．输入时间和日期

如果要在单元格中输入时间，可以以时间格式直接输入，如输入"14:30:00"。在

Excel 2021 中,系统默认按 24 小时制输入,如果想按 12 小时制输入,需要在输入的时间后加上"AM"或者"PM"字样,表示上午或下午,如图 6-11 所示。

输入日期的方法:在年、月、日之间用"/"或者"-"隔开。例如,在 A4 单元格中输入"22/3/8",按下【Enter】键,会自动显示为日期格式"2022/3/8",如图 6-12 所示。

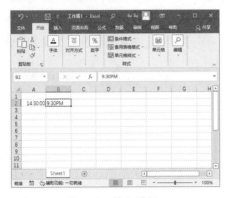 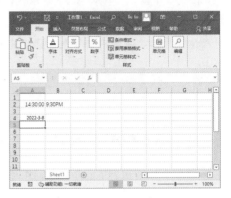

图 6-11　输入时间　　　　　　　　　　　　图 6-12　输入日期

3．输入特殊数据

对于常规数据,选择单元格后可以直接输入,对于分数或以"0"开头的数字等特殊数据,则需要使用特殊的方法输入。

(1)输入分数:在 Excel 2021 中,无法直接输入分数,因为系统会默认将其显示为日期,如输入分数"3/4",按下【Enter】键确认后,会显示为日期"3 月 4 日"。如果想在单元格中输入分数,需要在分数前加上一个"0"和一个空格,如图 6-13 所示。

(2)输入以"0"开头的数字:默认情况下,在 Excel 中输入以"0"开头的数字时,程序会将它识别成数值型数据,省略"0"。例如,输入序号"001",Excel 会自动将其转换为"1"。此时,需要在数字前加上英文状态下的单引号,才可以完成对"001"的输入,如图 6-14 所示。

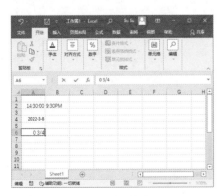 

图 6-13　输入分数　　　　　　　　　　　图 6-14　输入以"0"开头的数字

6.2.2　修改单元格中的数据

在 Excel 中输入数据时，若发现输入的数据有误，可以根据实际情况进行修改。在 Excel 2021 中修改单元格中的数据，可以使用下面几种方法实现。

（1）双击需要修改数据的单元格，单元格进入可编辑状态，将光标插入点定位在需要修改的数据所在的位置，删除错误数据后输入正确数据，完成后按下【Enter】键确认。

（2）选择需要修改数据的单元格，将光标插入点定位在编辑栏中需要修改的数据所在的位置，将错误数据删除后输入正确数据，完成后按下【Enter】键确认。

（3）选择需要重新输入数据的单元格，直接输入正确数据，按下【Enter】键确认。

6.2.3　撤销与恢复数据

对工作表进行操作时，可能会因为各种原因导致表格编辑错误，执行撤销和恢复操作，可以轻松地将错误纠正过来。

执行撤销操作，可以让表格还原到执行错误操作前的状态，方法很简单：执行错误操作后，单击快速访问工具栏中的【撤销】按钮，即可撤销上一步操作。

若需要撤销的编辑步骤很多，可以单击【撤销】按钮旁边的下拉按钮，在弹出的下拉列表中选择需要撤销的目标操作步骤，即可快速撤销多个操作，如图 6-15 所示。

执行恢复操作，可以让表格恢复到执行撤销操作前的状态，只有执行过撤销操作，【恢复】按钮才会呈可用状态。执行恢复操作和执行撤销操作的方法类似，单击快速访问工具栏中的【恢复】按钮即可，如图 6-16 所示。

图 6-15　撤销多个操作

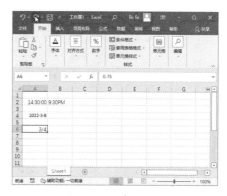

图 6-16　恢复操作

6.2.4　查找与替换数据

在数据量较大的工作表中，手动查找并替换单元格中的数据是非常困难的，使用 Excel 2021 中的查找功能和替换功能，可以快速进行相关操作。

1．查找数据

在 Excel 2021 中查找数据，具体操作如下。

步骤01 打开工作表，单击【开始】选项卡【编辑】组中的【查找和选择】下拉按钮，在弹出的下拉列表中单击【查找】命令，如图 6-17 所示。

步骤02 弹出【查找和替换】对话框，切换到【查找】选项卡，在【查找内容】文本框中输入要查找的内容，单击【查找全部】按钮，如图 6-18 所示。

图 6-17 单击【查找】命令 　　　　图 6-18 【查找和替换】对话框

步骤03 即可在工作表中定位目标数据所在的单元格，单击【关闭】按钮，关闭对话框，如图 6-19 所示。

图 6-19 显示查找效果

2．替换数据

在 Excel 2021 中替换数据，具体操作如下。

步骤01 打开工作表，单击【开始】选项卡【编辑】组中的【查找和选择】下拉按钮，在弹出的下拉列表中单击【替换】命令，如图 6-20 所示。

图 6-20　单击【替换】命令

步骤02　弹出【查找和替换】对话框，切换到【替换】选项卡，在【查找内容】文本框中输入要查找的内容，在【替换为】文本框中输入替换内容，单击【全部替换】按钮，如图 6-21 所示。

步骤03　弹出提示框，显示替换数目，单击【确定】按钮，如图 6-22 所示。返回【查找和替换】对话框，单击【关闭】按钮即可。

图 6-21　单击【全部替换】按钮

图 6-22　替换文本成功

📖 课堂范例——输入"销售月报表"数据

在 Excel 中输入数据是最基础的操作，不仅可以输入文本，还可以输入数字和符号等其他内容。以输入"销售月报表"数据为例，介绍在 Excel 中输入数据的方法，具体操作如下。

步骤01　打开"素材文件 \ 第 6 章 \ 销售月报表 .xlsx"，将光标插入点定位在 A1 单元格中，切换到中文输入法，输入需要的内容，如图 6-23 所示。

步骤02　将光标插入点定位在 A2 单元格中，输入"'001"，按下【Enter】键确认，随后将鼠标指针移到单元格右下角，当鼠标指针变为黑色十字状时，按住鼠标左键向下拖动，如图 6-24 所示。

图 6-23　输入需要的内容

图 6-24　输入编号后按住鼠标左键向下拖动

步骤03　拖动到合适位置后释放鼠标左键，即可快速填充数据，如图 6-25 所示。

步骤04　在表格其他位置输入需要的数据，输入完成后单击快速访问工具栏中的【保存】按钮，保存文档，如图 6-26 所示。

图 6-25　快速填充数据

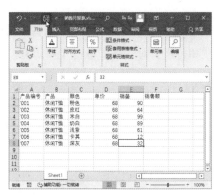

图 6-26　保存文档

6.3　行和列的基本操作

编辑表格时，经常遇到需要对行和列进行操作的情况，相关基本操作包括插入行或列、调整行高或列宽、移动或复制行或列、删除行或列等，本节将详细介绍这些内容。

6.3.1　插入行或列

通常情况下，工作表创建之后不是固定不变的，用户可以根据实际情况调整工作表的结构，最常见的是插入行或列。插入行和列的操作是类似的，这里以插入行为例进行介绍。

1．使用功能区插入

在 Excel 2021 中使用功能区插入行的方法：选择要插入行所在位置的行号，单击【开始】选项卡【单元格】组中的【插入】下拉按钮，在弹出的下拉列表中单击【插入工作表行】命令，如图 6-27 所示。执行插入操作后，将在所选行上方插入一行空白单元格。

2．使用快捷菜单插入

在 Excel 2021 中使用快捷菜单插入行的方法：右击要插入行所在位置的行号，在弹出的快捷菜单中单击【插入】命令，如图 6-28 所示。

图 6-27 单击【插入工作表行】命令

图 6-28 单击【插入】命令

6.3.2 调整行高或列宽

默认情况下，Excel 工作表中的行高与列宽是固定的，当单元格中内容较多，默认空间无法将内容全部显示出来时，可以对单元格的行高或列宽进行设置、调整。

1．精确设置行高和列宽

在 Excel 2021 中，用户可以根据需要，精确设置行高值与列宽值，以设置行高值为例，具体操作如下。

步骤01 在工作表中右击需要设置行高值的行，在弹出的快捷菜单中单击【行高】命令，如图 6-29 所示。

步骤02 弹出【行高】对话框，在文本框中输入精确的行高值，单击【确定】按钮，如图 6-30 所示。

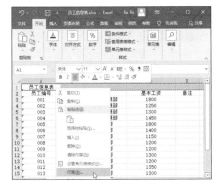

图 6-29 单击【行高】命令

图 6-30 【行高】对话框

2．使用鼠标调整行高和列宽

除了精确设置行高和列宽之外，用户还可以使用鼠标手动调整行高和列宽。操作很简单，将鼠标指针移到行号或列标的间隔线处，当鼠标指针变为"✛"或"⬍"形状时，按住鼠标左键不放，拖动到合适的位置后释放鼠标左键即可。

6.3.3 移动或复制行或列

在 Excel 2021 中，用户可以根据需要，将选择的行或列移动或复制到同一个工作表的不同位置、不同的工作表，甚至不同的工作簿中。通常可以通过执行剪切操作来实现，以移动某行为例进行介绍，具体操作如下。

步骤01 打开工作表，单击行号，选择需要移动的行，单击【开始】选项卡【剪贴板】组中的【剪切】按钮，如图 6-31 所示。

步骤02 选择要移动到的目标位置，单击【剪贴板】组中的【粘贴】按钮，如图 6-32 所示。

图 6-31　单击【剪切】按钮

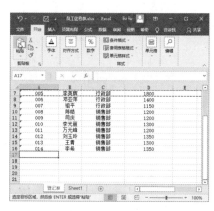
图 6-32　粘贴行

　　将行或列移动或复制到其他位置时，如果目标位置有文本内容，该内容将被替换，如果希望目标位置的内容被保留，可以在执行【剪切】或【复制】操作后，在目标位置上右击，单击弹出的快捷菜单中的【插入复制的单元格】命令。

6.3.4 删除行或列

在 Excel 2021 中，不仅可以插入行或列，还可以根据实际需要删除行或列。删除行或列与删除单元格类似，可以使用下面两种方法实现。

（1）选择想要删除的行或列，右击，在弹出的快捷菜单中单击【删除】命令，如

图 6-33 所示。

（2）选择想要删除的行或列中的单元格，切换到【开始】选项卡，单击【单元格】组中的【删除】下拉按钮，在弹出的下拉列表中单击【删除工作表行】或【删除工作表列】命令，如图 6-34 所示。

图 6-33　使用快捷菜单删除行或列

图 6-34　使用选项卡命令删除行或列

课堂范例——在"销售月报表"中添加行列数据

在表格中输入数据后，用户经常遇到后期编排时需要根据实际情况调整行列数据的情况，以在"销售月报表"中添加行列数据为例，介绍在 Excel 2021 中编辑行列数据的方法，具体操作如下。

步骤01　打开"素材文件\第6章\销售月报表1.xlsx"，选择第1行，右击，在弹出的快捷菜单中单击【插入】命令，如图 6-35 所示，插入标题行。

步骤02　选择第4列，右击，在弹出的快捷菜单中单击【插入】命令，如图 6-36 所示，在所选列前面添加一列空白列。

图 6-35　插入行

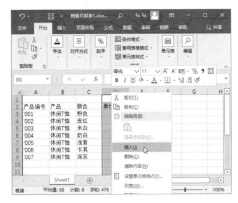

图 6-36　插入列

步骤03　在插入的行和列中输入内容，如图 6-37 所示。

图 6-37　在插入的行和列中输入内容

6.4　单元格的基本操作

单元格是 Excel 工作表的基本构成元素，是对 Excel 工作表进行操作的最小单位。本节将介绍有关单元格的基本操作，包括选择单元格、插入单元格、移动与复制单元格、合并与拆分单元格、删除单元格等。

6.4.1　选择单元格

编辑单元格前，要先选择单元格。选择单元格的方法有很多，下面分别进行介绍。

（1）选择单个单元格：将鼠标指针移到某个单元格上，单击，即可选择该单元格。

（2）选择所有单元格：单击工作表左上角的行标题和列标题交叉处，或者按【Ctrl+A】组合键，可快速选择当前工作表中的所有单元格。

（3）选择连续的多个单元格：选择需要选择的单元格区域左上角的单元格，按住鼠标左键，拖动到需要选择的单元格区域右下角的单元格后，释放鼠标左键即可。

（4）选择不连续的多个单元格：按下【Ctrl】键的同时，分别单击要选择的单元格即可。

（5）选择整行或整列：单击需要选择的行号或列标即可。

（6）选择多个连续的行或列：按住鼠标左键不放，在行号或列标上拖动，选择完成后释放鼠标左键即可。

（7）选择多个不连续的行或列：按下【Ctrl】键的同时，分别单击要选择的行的行号或者要选择的列的列标即可。

温馨
提示

在 Excel 中，由若干个连续的单元格构成的矩形区域被称为单元格区域。单元格区域用其对角线顶端的两个单元格来标识，例如，由 A3 到 D12 单元格组成的单元格区域用 "A3:D12" 标识。

6.4.2 插入单元格

插入单元格也是编辑 Excel 表格时常用的操作之一，如果用户需要在某个单元格处插入一个空白单元格，可以使用快捷菜单实现，具体操作如下。

步骤01 打开工作表，右击某个单元格，在弹出的快捷菜单中单击【插入】命令，如图 6-38 所示。

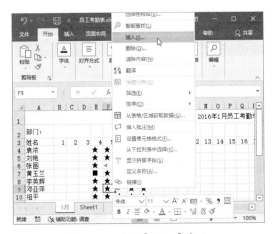

图 6-38 单击【插入】命令

步骤02 弹出【插入】对话框，根据需要选择单元格的插入位置，如选择【活动单元格右移】单选钮，单击【确定】按钮，如图 6-39 所示。

步骤03 返回 Excel 工作表，即可看到插入空白单元格后的效果，如图 6-40 所示。

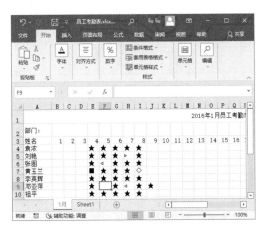

图 6-39 【插入】对话框　　　　　图 6-40 插入空白单元格后的效果

单击【开始】选项卡【单元格】组中的【插入】下拉按钮，在弹出的下拉列表中单击【插入单元格】命令，也可以插入空白单元格，如图 6-41 所示。

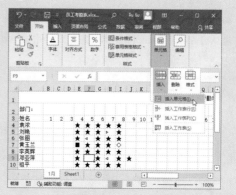

图 6-41　使用功能区命令插入空白单元格

6.4.3　移动与复制单元格

在 Excel 2021 中，用户可以根据需要，将单元格移动或复制到同一个工作表的不同位置、不同的工作表，甚至不同的工作簿中。单元格的移动、复制操作与行和列的移动、复制操作类似，以使用剪贴板复制单元格为例，具体操作如下。

步骤01　选择要复制的单元格或单元格区域，单击【开始】选项卡【剪贴板】组中的【复制】按钮，如图 6-42 所示。

步骤02　选择要粘贴到的目标位置，单击【剪贴板】组中的【粘贴】按钮，如图 6-43 所示。

图 6-42　复制单元格

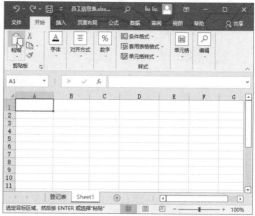

图 6-43　粘贴单元格

需要注意的是，执行【粘贴】操作时，系统默认同时粘贴值和源格式，如果需要选择其他粘贴方式，可以使用下面两种方法实现。

（1）执行【粘贴】操作时，单击【粘贴】下拉按钮，在弹出的下拉列表中选择不同的粘贴方式，如图 6-44 所示。

（2）执行【粘贴】操作后，粘贴内容的右下角会显示一个粘贴标记，单击此标记，会弹出一个下拉列表，用于选择不同的粘贴方式，如图 6-45 所示。

图 6-44　粘贴前选择粘贴方式　　　　　　图 6-45　粘贴后设置粘贴方式

6.4.4　合并与拆分单元格

合并单元格是将两个或多个单元格合并为一个单元格，操作方法很简单：选择要合并的单元格区域，在【开始】选项卡的【对齐方式】组中，单击【合并后居中】按钮右侧的下拉按钮 ，在弹出的下拉列表中单击相应的命令即可，如图 6-46 所示。

合并单元格后，如果有新的需求，可以对合并单元格进行拆分：选择要拆分的单元格，在【开始】选项卡的【对齐方式】组中，单击【合并后居中】按钮右侧的下拉按钮 ，在弹出的下拉列表中单击【取消单元格合并】命令即可，如图 6-47 所示。

图 6-46　合并单元格　　　　　　　　　图 6-47　拆分单元格

6.4.5 删除单元格

删除单元格的操作与插入单元格的操作类似，都可以使用功能区命令或快捷菜单实现。以使用功能区命令删除单元格为例进行介绍，具体操作如下。

步骤01 选择需要删除的单元格或单元格区域，切换到【开始】选项卡，单击【单元格】组中的【删除】下拉按钮，在弹出的下拉列表中单击【删除单元格】命令，如图 6-48 所示。

步骤02 弹出【删除文档】对话框，选择【右侧单元格左移】或【下方单元格上移】单选钮，单击【确定】按钮，如图 6-49 所示。

图 6-48　单击【删除单元格】命令

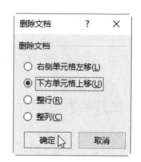

图 6-49　【删除文档】对话框

课堂范例——在"销售月报表"中复制和移动数据

编辑 Excel 表格时，若需要输入的内容和其他工作表或表格其他位置的内容相同，重复输入非常麻烦，可以执行复制或移动操作，快速输入数据。以在"销售月报表"中执行复制和移动操作为例，介绍在 Excel 工作表中复制和移动数据的方法，具体操作如下。

步骤01 打开"光盘\素材文件\第 6 章\销售月报表 2.xlsx"，选择要复制的单元格，单击【开始】选项卡【剪贴板】组中的【复制】按钮，如图 6-50 所示。

步骤02 选择要粘贴到的目标单元格区域，单击【剪贴板】组中的【粘贴】按钮，如图 6-51 所示。

步骤03 输入其他需要输入的内容后，选择要移动的单元格区域，单击【开始】选项卡【剪贴板】组中的【剪切】按钮，如图 6-52 所示。

步骤04 选择要移动到的目标单元格区域，单击【剪贴板】组中的【粘贴】按钮，即可将剪切内容移动到目标位置，如图 6-53 所示。

图 6-50　单击【复制】按钮

图 6-51　单击【粘贴】按钮

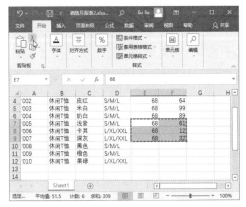

图 6-52　单击【剪切】按钮

图 6-53　移动后的效果

6.5　设置单元格格式

对单元格格式进行设置，可以使制作出的表格更加美观大方。本节将详细介绍设置字体格式、设置数据格式及设置单元格边框和背景色的方法。

6.5.1　设置字体格式

默认情况下，在 Excel 2021 中输入的文本的字体格式为"11 磅""等线"，为了使表格更加美观，用户可以根据需要设置单元格内容的字体格式和对齐方式，具体操作如下。

步骤01　选择要设置字体格式的单元格或单元格区域，在【开始】选项卡的【字体】组中，单击【字体】下拉列表框，在弹出的下拉列表中选择需要的字体，如图 6-54 所示。

步骤02　保持所选单元格或单元格区域处于选中状态，在【字体】组中，单击【字号】下拉列表框，在弹出的下拉列表中选择需要的字号，如图 6-55 所示。

图 6-54　设置字体

图 6-55　设置字号

步骤03　保持所选单元格或单元格区域处于选中状态，单击【字体】组中的【颜色】下拉按钮，在弹出的下拉列表中选择需要的字体颜色，如图 6-56 所示。

步骤04　选择要设置对齐方式的单元格或单元格区域，在【对齐方式】组中选择需要的对齐方式，如图 6-57 所示。

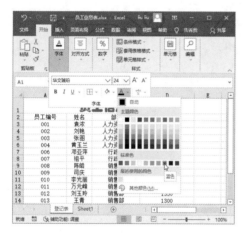

图 6-56　设置字体颜色

图 6-57　设置对齐方式

此外，选择单元格或单元格区域后右击，将弹出一个浮动工具栏，使用浮动工具栏，也可以设置字体格式，如图 6-58 所示。

图 6-58　使用浮动工具栏设置字体格式

6.5.2　设置数据格式

Excel 2021 内置多种数据格式，如常规格式、货币格式、会计专用格式、日期格式、分数格式、百分比格式等，设置数据格式，可以让表格看起来更专业，具体操作如下。

步骤01 选择要设置数据格式的单元格或单元格区域，右击，在弹出的快捷菜单中单击【设置单元格格式】命令，如图 6-59 所示。

步骤02 弹出【设置单元格格式】对话框，在【数字】选项卡的【分类】列表框中，可以选择需要的数据格式，如货币，在右侧的窗格中，可以根据需要设置小数位数、货币符号和负数样式，设置完成后，单击【确定】按钮，如图 6-60 所示。

图 6-59 单击【设置单元格格式】命令　　　　图 6-60 设置数据格式

6.5.3 设置单元格边框和背景色

编辑 Excel 表格时，可以为表格添加单元格边框和单元格背景色，使制作的表格轮廓更加清晰，更有整体感和层次感。

1．设置单元格边框

默认情况下，工作表的网格线是灰色的，且无法打印出来。为了使工作表看起来更加美观，制作表格时可为其添加边框，具体操作如下。

步骤01 选择要设置边框的单元格区域，在【开始】选项卡的【字体】组中，单击【边框】下拉按钮，在弹出的下拉列表中单击【其他边框】命令，如图 6-61 所示。

步骤02 弹出【设置单元格格式】对话框，切换到【边框】选项卡，在【样式】列表框中选择需要的线条样式，在【颜色】下拉列表框中选择需要的线条颜色，单击【预置】区域内的【外边框】按钮，在下方的预览窗格中，可以看到应用外边框样式后的效果，如图 6-62 所示。

步骤03 再次设置线条样式和颜色，单击【内部】按钮，将设置的线条样式和颜色应用于内部边框，设置完成后，单击【确定】按钮，如图 6-63 所示。

步骤04 返回 Excel 工作表，即可看到设置单元格边框后的效果，如图 6-64 所示。

图 6-61 单击【其他边框】命令

图 6-62 设置外边框样式

图 6-63 设置内部边框样式后单击【确定】按钮

图 6-64 查看边框效果

2．设置单元格背景色

默认情况下，工作表中单元格的背景色为白色，为了美化表格或突出单元格中的内容，可以为单元格设置背景色，具体操作如下。

步骤01　选择要设置背景色的单元格区域，右击，在弹出的快捷菜单中单击【设置单元格格式】命令，如图 6-65 所示。

步骤02　弹出【设置单元格格式】对话框，切换到【填充】选项卡，在【背景色】栏中选择需要的颜色后，单击【填充效果】按钮，如图 6-66 所示。

图 6-65 单击【设置单元格格式】命令

图 6-66 设置背景颜色

步骤03　弹出【填充效果】对话框，设置渐变颜色和底纹样式，完成设置后，单击【确定】按钮，如图 6-67 所示。

步骤04　返回【设置单元格格式】对话框，在对话框下方的【示例】栏中，可以预览设置效果，完成设置后，单击【确定】按钮，如图 6-68 所示。

图 6-67　设置渐变颜色和底纹样式

图 6-68　预览设置效果

课堂范例——设置"销售月报表"单元格格式

在 Excel 表格中编辑数据后，为了使表格更加美观，可以根据需要为单元格设置字体、字号、颜色、边框、背景色等单元格格式。以为"销售月报表"设置单元格格式为例，具体操作如下。

步骤01　打开"素材文件\第 6 章\销售月报表 3.xlsx"，选择标题文本，右击，在弹出的快捷菜单中单击【设置单元格格式】命令，如图 6-69 所示。

步骤02　弹出【设置单元格格式】对话框，切换到【字体】选项卡，根据需要设置标题文本的字体、字形、字号和颜色，设置完成后单击【确定】按钮，如图 6-70 所示。

步骤03　选择表格正文，右击，在弹出的快捷菜单中单击【设置单元格格式】命令，如图 6-71 所示。

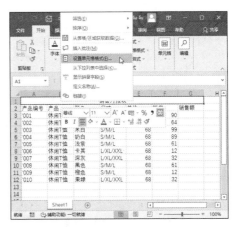

图 6-69　单击【设置单元格格式】命令

图 6-70 【设置单元格格式】对话框　　　　图 6-71 单击【设置单元格格式】命令

步骤04 弹出【设置单元格格式】对话框，切换到【字体】选项卡，根据需要设置表格正文的字体、字形、字号和颜色，如图 6-72 所示。

步骤05 切换到【边框】选项卡，设置边框样式和颜色，单击【外边框】按钮，如图 6-73 所示。

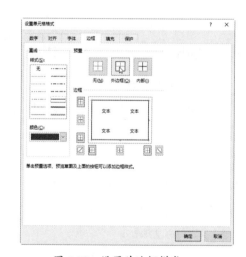

图 6-72 设置正文字体格式　　　　　　图 6-73 设置外边框样式

步骤06 再次设置边框样式和颜色，单击【内部】按钮，如图 6-74 所示。

步骤07 切换到【对齐】选项卡，将【水平对齐】和【垂直对齐】都设为【居中】，如图 6-75 所示。

步骤08 切换到【填充】选项卡，本例中设置图案填充，根据需要设置背景色、图案颜色和图案样式，设置完成后单击【确定】按钮，如图 6-76 所示。

步骤09 返回工作表，即可看到设置单元格格式后的效果，单击快速访问工具栏中的【保存】按钮，保存工作表，如图 6-77 所示。

图 6-74 设置内部边框样式

图 6-75 设置对齐方式

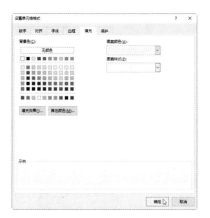

图 6-76 设置填充效果

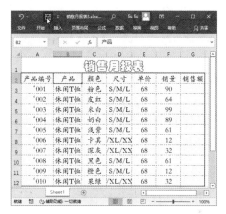

图 6-77 保存工作表

6.6 套用样式

Excel 2021 内置多种样式，应用内置样式，可以快速设置单元格和工作表的
边框、背景色，大大节约了用户自己动手设置的时间。

6.6.1 套用单元格样式

Excel 2021 内置多种单元格样式，应用这些样式，可以快速设置单元格格式。操作
方法：选择要套用样式的单元格或单元格区域，在【开始】选项卡的【样式】组中，单
击【单元格样式】下拉按钮，在弹出的下拉列表中选择一种样式即可，如图 6-78 所示。

图 6-78　选择单元格样式

6.6.2 套用工作表样式

Excel 2021 内置多种工作表样式，套用工作表样式的具体操作如下。

步骤01　将光标插入点定位在工作表中的任意单元格中，单击【开始】选项卡【样式】组中的【套用表格格式】下拉按钮，在弹出的下拉列表中选择一种表格格式，如图 6-79 所示。

步骤02　弹出【创建表】对话框，对话框中默认显示将套用工作表样式的单元格区域，如图 6-80 所示。

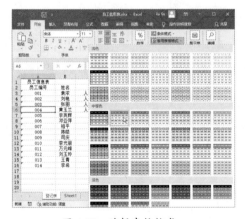

图 6-79　选择表格格式

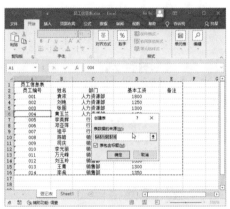

图 6-80　默认引用的数据源

步骤03　若需要更改数据源，可以直接使用鼠标选择工作表中要套用工作表样式的单元格区域，所选区域将显示在【表数据的来源】文本框中，设置完成后，单击【确定】按钮，如图 6-81 所示。

步骤04　返回工作表，即可看到所选单元格区域套用内置工作表样式后的效果，如图 6-82 所示。

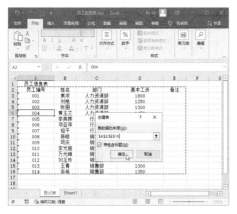
图 6-81　更改数据源

图 6-82　套用内置工作表样式后的效果

课堂问答

问题❶：如何更改工作表的标签颜色

答：右击工作表标签，在弹出的快捷菜单中单击【工作表标签颜色】命令，在弹出的颜色列表中选择需要的颜色即可。

问题❷：如何防止他人查看或编辑工作表

答：为了保护工作表，防止工作表被他人查看或编辑，用户可以为工作表设置密码保护，方法：打开 Excel 表格，切换到【文件】选项卡，单击【信息】子选项卡，单击【保护工作簿】→【用密码进行加密】命令，在弹出的【加密文档】对话框中输入要设置的密码，单击【确定】按钮，在弹出的【确认密码】对话框中再次输入密码，单击【确定】按钮确认即可。

上机实战——制作"员工档案表"

通过对本章内容的学习，相信读者已掌握了在 Excel 2021 中对工作表、行、列及单元格进行基本操作的方法。下面，我们以制作"员工档案表"为例，讲解工作表编辑的综合技能应用。

效果展示

"员工档案表"素材如图 6-83 所示，效果如图 6-84 所示。

图 6-83　素材

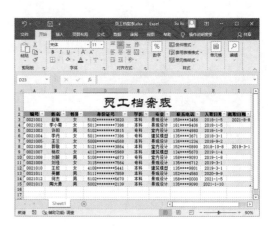

图 6-84　效果

========== 思路分析 ==========

由于纯文本型表格中没有漂亮的图片可用于装饰，我们只能从字体格式和表格背景色等方面入手进行优化，以期让读者印象深刻。

本例中，首先，在素材文件中设置日期格式并输入日期，然后，设置表格标题的单元格格式，最后，为表格正文应用主题样式并设置对齐方式，得到最终效果。

========== 制作步骤 ==========

步骤01　打开"素材文件 \ 第 6 章 \ 员工档案表 .xlsx"，选择要设置日期格式的单元格区域，右击，在弹出的快捷菜单中单击【设置单元格格式】命令，如图 6-85 所示。

步骤02　弹出【设置单元格格式】对话框，在【数字】选项卡的【分类】栏中选择【日期】选项，在右侧的【类型】列表框中选择需要的日期类型，单击【确定】按钮，如图 6-86 所示。

图 6-85　单击【设置单元格格式】命令

图 6-86　设置日期格式

步骤03　返回工作表，在设置了日期格式的单元格区域中输入需要的数据，如

图 6-87 所示。

步骤04　选择标题行，单击【开始】选项卡【对齐方式】组中的【合并后居中】按钮，如图 6-88 所示。

步骤05　保持标题文本为选中状态，在【字体】组中设置标题的字体、字号、字体颜色等字体格式，如图 6-89 所示。

步骤06　在工作表中选择任意单元格，单击【开始】选项卡【样式】组中的【套用表格格式】下拉按钮，在弹出的下拉列表中选择需要的表格格式，如图 6-90 所示。

图 6-87　输入日期

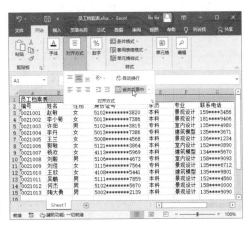

图 6-88　合并单元格

图 6-89　设置标题字体格式

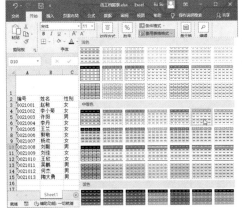

图 6-90　选择表格格式

步骤07　弹出【创建表】对话框，使用鼠标选择要应用表格格式的数据源，设置完成后单击【确定】按钮，如图 6-91 所示。

步骤08　返回工作表，选择应用了表格格式的表格内容，单击【对齐方式】组中的【居中】按钮，设置文本居中对齐，如图 6-92 所示，完成设置后，保存文档。

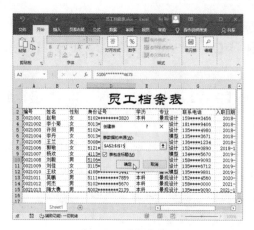

图 6-91 选择数据源

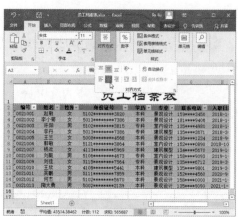

图 6-92 设置居中对齐

同步训练——制作"费用报销单"

完成对上机实战案例的学习后，为了提高大家的动手能力，下面安排一个同步训练案例，以期达到举一反三、触类旁通的学习效果。

同步训练案例的流程图解如图 6-93 所示。

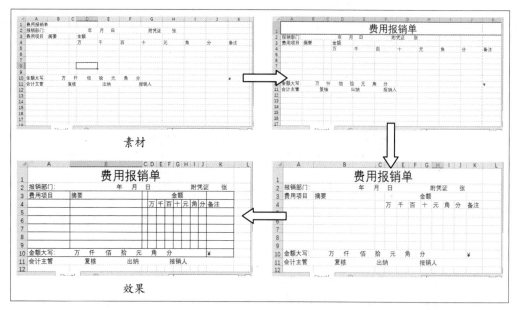

图 6-93 流程图解

对于某些纯文本型表格，仅调整一下单元格的行高和列宽，加上简单的边框，就可

以呈现不一样的视觉效果。

本例中，首先，设置标题字体格式并调整单元格列宽，然后，执行合并单元格操作，最后，加上边框，得到最终效果。

关键步骤

步骤01 打开"素材文件\第 6 章\费用报销单 .xlsx"，选择标题行，单击【开始】选项卡【对齐方式】组中的【合并后居中】按钮，如图 6-94 所示。

步骤02 保持标题行的选中状态，在【字体】组中，单击【字号】下拉列表框，选择需要的标题字号，如图 6-95 所示。

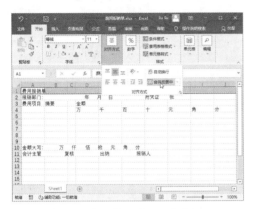

图 6-94　单击【合并后居中】按钮　　　　图 6-95　设置标题字号

步骤03 将鼠标指针移到要调整列宽的列标间隔处，当鼠标指针变为"✛"形状时，按住鼠标左键不放，拖动到合适的位置后，释放鼠标左键，如图 6-96 所示。随后，按照同样的方法，调整其他单元格的列宽。

步骤04 选择要合并的多个单元格，单击【对齐方式】组中的【合并后居中】按钮，如图 6-97 所示。随后，继续合并其他需要合并的单元格区域。

 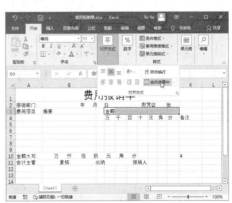

图 6-96　调整列宽　　　　　　　　　图 6-97　合并单元格

步骤05 设置表格正文字号，在【字体】组中，单击【字号】下拉列表框，选择需要的正文字号，如图 6-98 所示。

步骤06 保持表格正文为选中状态，在【开始】选项卡的【字体】组中，单击【框线】下拉按钮，在弹出的下拉列表中单击【所有框线】命令，为正文添加边框，如图 6-99 所示，设置完成后，保存工作表。

图 6-98 设置正文字号

图 6-99 添加边框

知识能力测试

本章讲解了在 Excel 中可对工作表、单元格、行、列进行的基本操作，为对知识进行巩固和考核，布置相应的练习题。

一、填空题

1. 在 Excel 2021 中，默认的字体为_____，默认的字号为_____。

2. 选择多个不连续单元格后，在最后一个单元格中输入数据，按_____组合键，所选择的所有单元格中将会被填充相同的数据。

3. 在 Excel 2021 中，按_____组合键，可以快速插入空白工作表。

二、选择题

1. 默认情况下，在工作表中输入数据"3-8"，单元格默认显示为（   ）。

A.【3-8】　　　　　B.【3/8】　　　　　C.【3.8】　　　　　D.【3月8日】

2. 在工作表中输入身份证号码时，需要先输入（   ），再输入号码，否则，身份证号码将以科学记数方式显示。

　　A. 英文状态下的单引号　　　　　　　　B. 中文状态下的双引号

　　C. 0　　　　　　　　　　　　　　　　D. 空格

3. 要在工作表中输入分数"1/2"，可输入（   ）。

A.【1/2】　　　　　B.【'1/2】　　　　　C.【0 1/2】　　　　　D.【"1/2"】

三、简答题

1．复制和移动工作表时，操作区别在哪里？

2．如何设置工作表中的重复值突出显示？

Office 2021

第 7 章
Excel 公式和函数的应用

公式和函数主要用来对数据进行处理和运算，熟练掌握公式和函数的使用方法，可以大大提高用户的办公效率。本章将具体介绍公式和函数的使用、单元格引用及常用函数的应用等知识。

学习目标

- 掌握公式的输入和编辑方法
- 掌握引用单元格的操作方法
- 掌握函数的使用方法
- 熟练掌握常见函数的使用方法

7.1 公式的输入和编辑

公式由对一系列单元格的引用，以及函数、运算符等组成，是对数据进行计算和分析的等式。下面将简单介绍什么是运算符，以及公式的输入、复制和删除方法。

7.1.1 了解运算符

使用公式计算数据时，运算符是用于连接公式组成部分的操作符，是工作表处理数据的指令。在 Excel 2021 中，运算符分为算术运算符、比较运算符、文本运算符和引用运算符 4 种类型。

（1）常用算术运算符有加号"+"、减号"-"、乘号"*"、除号"/"、百分号"%"及乘方"^"。

（2）常用比较运算符有等号"="、大于号">"、小于号"<"、小于等于号"<="、大于等于号">="、不等号"<>"。

（3）文本连接运算符只有与号"&"，该符号主要用于将两个文本值连接起来，产生一个连续的文本值。

（4）常用引用运算符有区域运算符":"、联合运算符","、交叉运算符" "（空格）。

使用公式时应注意，不同运算符的优先级是不同的：在混合运算公式中，对于不同优先级的运算符，应按照从高到低的顺序进行运算；对于相同优先级的运算符，应按照从左到右的顺序进行运算。

> **温馨提示**
>
> 运算符的优先级从高到低为区域运算符":"、交叉运算符" "、联合运算符","、百分号"%"、乘方"^"、乘号"*"或除号"/"、加号"+"或减号"-"、与号"&"、比较运算符（"=""<"">"
> "<="">=""<>"）。

7.1.2 输入公式

输入公式以"="开始，随后是运算项和运算符，输入完毕后按下【Enter】键确认，计算结果将显示在单元格中。用户可通过手动输入和使用鼠标辅助输入两种方法输入公式，下面分别进行介绍。

1．手动输入公式

步骤01 选择 C2 单元格，在其中输入公式"=A2*B2"，如图 7-1 所示。

步骤02 按下【Enter】键，即可在 C2 单元格中显示计算结果，如图 7-2 所示。

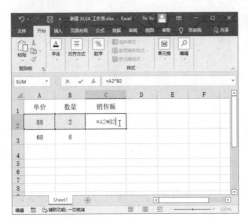 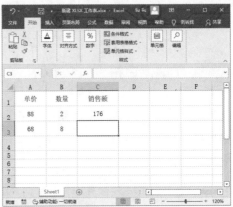

图 7-1 输入公式　　　　　　　　　　图 7-2 显示结果

2．使用鼠标辅助输入公式

步骤01 接上例，在 C3 单元格中输入等号"="，如图 7-3 所示。

步骤02 单击 A3 单元格，单元格周围出现闪动的虚线边框，A3 单元格被引用到公式中，如图 7-4 所示。

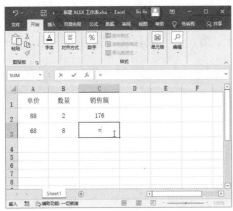 

图 7-3 输入等号　　　　　　　　　　图 7-4 引用单元格 A3

步骤03 在 C3 单元格中输入运算符"*"，随后单击 B3 单元格，B3 单元格也被引用到公式中，如图 7-5 所示。

步骤04 操作完毕，按下【Enter】键确认输入，即可得到计算结果，如图 7-6 所示。

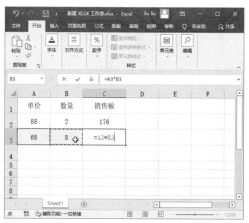

图 7-5 引用单元格 B3

图 7-6 查看计算结果

7.1.3 复制公式

在 Excel 中创建公式后，如果想将公式复制到其他单元格中，可参照复制单元格数据的方法进行操作。

若要将公式复制到某一个单元格中，可先选择要复制的公式所在的单元格，按【Ctrl+C】组合键，再选择需要粘贴公式的单元格，按【Ctrl+V】组合键，即可完成对公式的复制，并显示计算结果，如图 7-7 所示。

若要将公式复制到多个单元格中，可选择要复制的公式所在的单元格，将鼠标指针移到该单元格的右下角，当鼠标指针变为"+"形状时，按住鼠标左键向下拖动，拖至目标单元格时释放鼠标左键，即可将公式复制到鼠标指针所经过的所有单元格中，并显示计算结果，如图 7-8 所示。

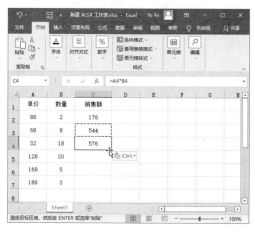

图 7-7 复制公式到某一个单元格

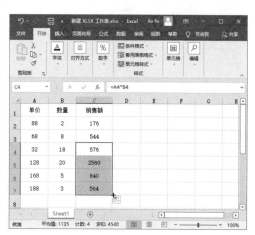

图 7-8 复制公式到多个单元格

7.1.4 删除公式

若发现输入的公式有误，可选择公式所在的单元格，按下【Delete】键，同时删除该单元格中的数据和公式。

此外，用户还可以通过复制、粘贴"值"，在删除单元格格式时保留数据，具体操作方法：选择目标单元格，按【Ctrl+C】组合键进行复制操作，随后单击【开始】选项卡【剪贴板】组中的【粘贴】下拉按钮，在弹出的下拉列表中选择【值】选项。

7.1.5 输入数组公式

所谓数组，是单元的集合或一组需要处理的值的集合，而数组公式是对两组或多组名为数组参数的值进行多项运算，返回一个或多个结果的计算公式。以统计销售额减去成本得到的利润为例，使用数组公式的具体操作如下。

步骤01 打开"素材文件\第7章\利润表.xlsx"，在 F2 单元格中输入数组公式"=SUM(C2:C7−E2:E7)"，如图 7-9 所示。

> **温馨提示** 该公式的含义是先将 C2:C7 单元格区域中的每个单元格与 E2:E7 单元格区域中的每个对应的单元格相减，再将结果加起来进行求和。

步骤02 按【Ctrl+Shift+Enter】组合键，确认输入数组公式，输入完成后可以看到，公式的两端出现一对大括号"{}"，这是数组公式的标志，如图 7-10 所示。

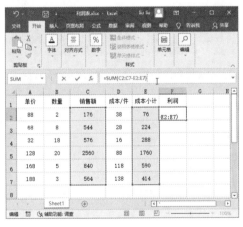

图 7-9　输入数组公式　　　　图 7-10　按【Ctrl+Shift+Enter】组合键得到结果

课堂范例——计算产品销售额

公式主要用来对数据进行运算，熟练掌握公式的使用方法，可以提高用户的数据处理效率。以计算"销售月报表"中的产品销售额为例，使用公式的具体操作如下。

步骤01 打开"素材文件 \ 第 7 章 \ 销售月报表 .xlsx"，将光标插入点定位在 G3 单元格中，输入等号"="，选择 E3 单元格，可以看到 E3 单元格被引用到了公式中，如图 7-11 所示。

步骤02 输入乘号"*"，单击 F3 单元格，可以看到 F3 单元格也被引用到了公式中，如图 7-12 所示。

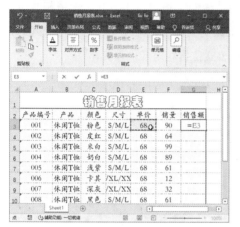

图 7-11　引用单元格 E3　　　　　图 7-12　引用单元格 F3

步骤03 按下【Enter】键确认，即可得到计算结果，如图 7-13 所示。

步骤04 将鼠标指针移到 G3 单元格右下角，当鼠标指针变为"+"形状时，按住鼠标左键向下拖动，拖至 G12 单元格时释放鼠标左键，即可将公式复制到 G4:G12 单元格区域中，并显示计算结果，如图 7-14 所示。

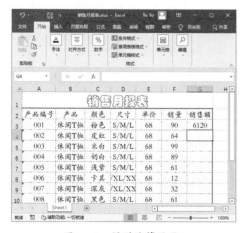

图 7-13　得到计算结果　　　　　图 7-14　复制公式

7.2 单元格引用

引用单元格的目的是标识工作表中的单元格或单元格区域，并指明公式中所用数据在工作表中的位置。单元格引用分为相对引用、绝对引用和混合引用3种方式。

7.2.1 相对引用

默认情况下，Excel 2021 中的单元格引用使用的是相对引用方式。使用相对引用方式时，单元格引用会随公式所在单元格的位置改变而改变，即复制相对引用公式时，公式中引用的单元格地址将被更新，指向与当前公式位置相对应的单元格。

以引用"销售月报表"中的单元格为例，进行相对引用的具体操作如下。

步骤01 在 G3 单元格中输入相对引用公式"=E3*F3"，如图 7-15 所示。

步骤02 依次按【Ctrl+C】组合键和【Ctrl+V】组合键，将公式复制到 G4 单元格中，此时可以看到，G4 单元格中的公式更新为"=E4*F4"，即其引用指向了与当前公式位置相对应的单元格，如图 7-16 所示。

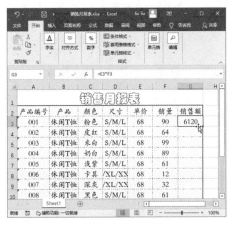
图 7-15　输入相对引用公式

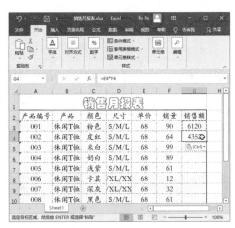
图 7-16　查看相对引用效果

7.2.2 绝对引用

使用绝对引用方式时，应分别在被引用单元格的行号和列标之前加入符号"$"。使用了绝对引用的公式被复制或移动到新位置后，公式中引用的单元格地址将保持不变。

以引用"销售月报表"中的单元格为例，进行绝对引用的具体操作如下。

步骤01 在 G3 单元格中输入绝对引用公式"=$E$3*$F$3"，如图 7-17 所示。

步骤02 将 G3 单元格中的公式复制并粘贴到 G4 单元格中，可以发现，两个单元格中的公式一致，并未发生任何改变，如图 7-18 所示。

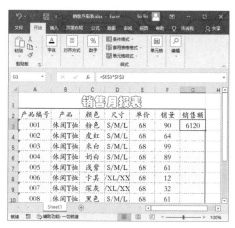

图 7-17 输入绝对引用公式

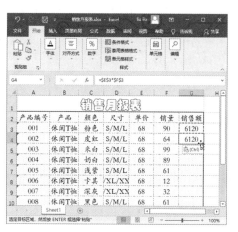

图 7-18 查看绝对引用效果

7.2.3 混合引用

相对引用与绝对引用同时存在于一个单元格中的公式中，这种引用方式为混合引用。此时，若公式所在单元格的位置发生改变，相对引用部分会随之改变，绝对引用部分不变。进行混合引用的具体操作如下。

步骤01 在 G3 单元格中输入公式"=$E$3*F3"，如图 7-19 所示。

步骤02 将 G3 单元格中的公式复制并粘贴到 G4 单元格中，可以发现，公式中相对引用的部分发生了改变，而绝对引用的部分没有变化，如图 7-20 所示。

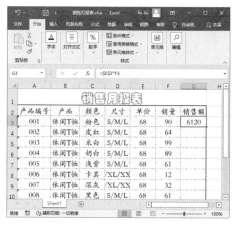

图 7-19 输入混合引用公式

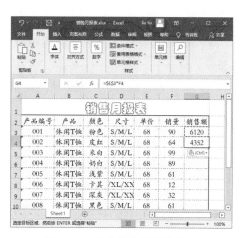

图 7-20 查看混合引用效果

7.3 函数的使用

在 Excel 中，将一组有特定功能的公式组合在一起，就构建了函数，使用函数，可以轻松完成各种复杂数据的处理工作。本节将为大家简单介绍使用函数的相关操作。

7.3.1 认识函数

函数是预定义的公式，使用被称为参数的特定数值，按特定顺序或结构进行数据运算。熟练使用函数处理表格中的数据，可以大大提高用户的工作效率。

1．函数的组成

在 Excel 2021 中，一个完整的函数由标识符、函数名称和函数参数组成。

（1）标识符：在 Excel 表格中输入函数时，必须先输入等号"＝"，因此，等号"＝"被称为函数的标识符。

（2）函数名称：函数名称通常是其对应功能的英文单词缩写，位于标识符的后面。

（3）函数参数：紧跟在函数名称后面的是一对半角圆括号"（）"，被括起来的内容是函数的处理对象，即参数。

2．函数参数的类型

函数的参数既可以是常量，也可以是公式，还可以是其他函数。常见的函数参数类型主要有以下几种。

（1）常量参数：主要包括文本（如"姓名"）、数值（如"1288"）、日期（如"2022-4-1"）等内容。

（2）逻辑值参数：主要包括逻辑真、逻辑假、逻辑判断表达式等，如 TRUE 或 FALSE。

（3）单元格引用参数：主要包括引用单个单元格（如 A1）、引用单元格区域（如 D2:G21）等。

（4）函数：在 Excel 中，可以使用一个函数的返回结果作为另外一个函数的参数，即函数嵌套，如"=IF(A1>8," 优 ",IF(A1>6," 合格 "," 差 "))"。

（5）数组参数：函数参数既可以是一组常量，也可以是对单元格区域的引用。

3．函数的分类

Excel 2021 函数库中内置多种函数，在【插入函数】对话框中可以查找到。按照函数的功能，可以将 Excel 函数分为以下几类。

（1）文本函数：用来处理公式中的文本字符串，如使用 LOWER 函数，可以将文本字符串中的所有字母转换成小写形式。

（2）逻辑函数：用来测试目标数据是否满足某个条件，并判断逻辑值。

（3）日期和时间函数：用来处理公式中与日期和时间有关的值，如使用 TODAY 函数，可以返回当天日期。

（4）数学与三角函数：用来进行数学和三角方面的计算，其中，三角函数采用弧度作为角的单位，如使用 RADIANS 函数，可以把角度转换为弧度。

（5）财务函数：用来进行有关财务的计算，如使用 IPMT 函数，可以返回投资回报的利息部分。

（6）统计函数：用来对一定范围内的数据进行统计分析，如使用 MAX 函数，可以返回一组数值中的最大值。

（7）查找与引用函数：用来查找列表或表格中的指定值，如使用 VLOOKUP 函数，可以在表格数组的首列查找指定的值，并返回表格数组当前行中其他列的值。

（8）数据库函数：主要用来对存储在数据清单中的数值进行分析，判断其是否符合特定的条件，如使用 DSTDEVP 函数，可以计算数据的标准偏差。

（9）信息函数：用来帮助用户判断单元格中的数据所属的类型或单元格是否为空。

（10）工程函数：此类函数主要用在工程应用程序中，用来处理复杂的数字，并在不同的计数体系和测量体系中进行转换，使用工程函数，必须执行加载宏命令。

（11）其他函数：Excel 中还有一些函数并未出现在【插入函数】对话框中，它们是命令、自定义、宏控件、DDE 等相关函数，另外，还有一些使用加载宏创建的函数。

7.3.2 输入函数

在 Excel 中使用函数时，如果用户对所使用的函数及其参数类型比较熟悉，可以直接输入函数，如果不熟悉，可以在【插入函数】对话框中选择需要插入的函数。

1．使用编辑栏输入函数

如果用户知道函数的名称及语法，可以直接在编辑栏中输入函数表达式。首先选择要输入函数表达式的单元格，将光标插入点定位在编辑栏中并输入等号"="，然后输入函数名和左括号、函数参数，最后输入右括号，输入完成后，单击编辑栏上的【输入】按钮或按下【Enter】键确认。

例如，在单元格中输入"=SUM(A2:A10)"，是对 A2:A10 单元格区域中的数值进行求和运算。

2．使用快捷按钮输入函数

对于一些常用的函数，如"求和"函数（SUM）、"平均值"函数（AVERAGE）、"计数"函数（COUNT）等，可以使用【开始】或【公式】选项卡中的快捷按钮输入。

以输入"求和"函数为例，可以使用下面两种方法实现。

（1）使用【开始】选项卡中的快捷按钮输入函数：选择需要求和的单元格区域，单击【开始】选项卡【编辑】组中的【自动求和】下拉按钮，在弹出的下拉列表中单击【求和】命令，如图 7-21 所示，拖动鼠标选择作为参数的单元格区域后，按下【Enter】键确认即可。

（2）使用【公式】选项卡中的快捷按钮输入函数：选择要显示求和结果的单元格，切换到【公式】选项卡，单击【函数库】组中的【自动求和】下拉按钮，在弹出的下拉列表中单击【求和】命令，如图 7-22 所示，拖动鼠标选择作为参数的单元格区域后，按下【Enter】键确认即可。

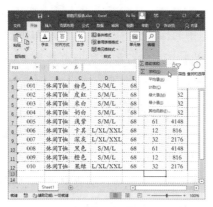 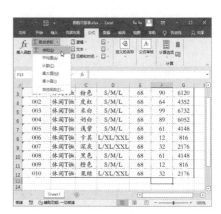

图 7-21　使用【开始】选项卡输入　　　　图 7-22　使用【公式】选项卡输入

3. 使用【插入函数】对话框插入函数

如果用户对 Excel 函数不熟悉，可以使用【插入函数】对话框插入函数，具体操作如下。

步骤01　选择要显示计算结果的单元格，单击编辑栏中的【插入函数】按钮，如图 7-23 所示。

步骤02　弹出【插入函数】对话框，在【或选择类别】下拉列表框中选择函数类别，默认为"常用函数"，在【选择函数】列表框中选择需要的函数，单击【确定】按钮，如图 7-24 所示。

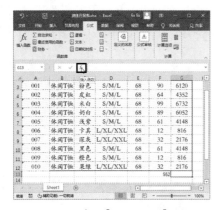 

图 7-23　单击【插入函数】按钮　　　　图 7-24　选择函数

步骤03　弹出【函数参数】对话框，默认在【Number1】文本框中显示函数参数，用户可以根据需要对其进行设置，设置完成后单击【确定】按钮，如图 7-25 所示。

步骤04　返回 Excel 工作表，即可在 G13 单元格中看到显示的计算结果。

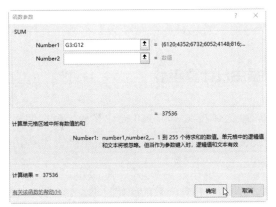

图 7-25　设置函数参数 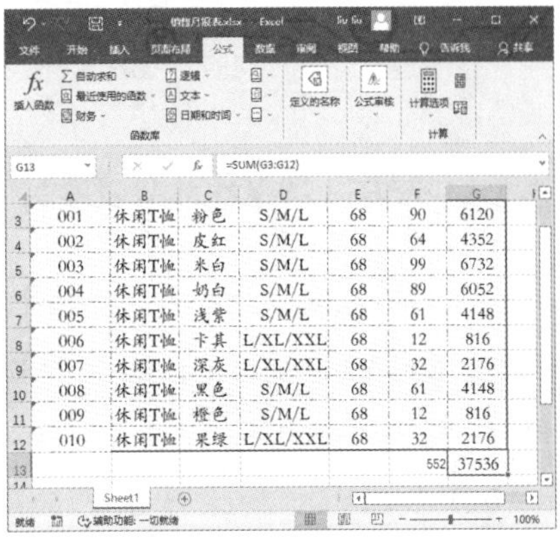　　　　　　　　　图 7-26　得到计算结果

7.3.3　使用嵌套函数

使用一个函数或多个函数表达式的返回结果作为另外一个函数的某个或多个参数，含有这种参数的函数被称为嵌套函数。

例如，"=IF(AVERAGE(A1:A3) >20,SUM(B1:B3),0)"就是一个简单的嵌套函数表达式，该嵌套函数表达式的含义：若 A1:A3 单元格区域中数字的平均值大于 20，则返回 B1:B3 单元格区域的求和结果，否则，返回"0"，如图 7-27 所示。

图 7-27　使用嵌套函数

嵌套函数一般手动输入，输入时可以使用鼠标辅助引用单元格。以上述嵌套函数表达式为例，输入方法：首先，选择目标单元格，输入"=IF()"，然后，输入作为参数插入的函数的首字母 A，在出现的相关函数列表中双击函数 AVERAGE，此时，将自动插入该函数及前括号，函数表达式变为"=IF(AVERAGE()"，接着，手动输入字符"A1:A3) >20,"，最后，仿照前面的方法，输入函数 SUM 及字符"B1:B3),0"，按下【Enter】键，函数表达式完善为"=IF(AVERAGE(A1:A3) >20,SUM(B1:B3),0)"。

7.4 常用函数的使用

在对公式和函数的使用有了一定程度的了解后，下面将为大家介绍 4 个经常在实际工作中用到的函数及其使用方法。

7.4.1 使用 DAYS360 函数，根据生日计算年龄

DAYS360 函数的功能是假设每个月有 30 天，按照一年 360 天计算两个日期间相差的天数。DAYS360 函数的语法为"=DAYS360(start_date,end_date,[method])"，其中，各个函数参数的含义如下。

（1）参数 start_date：表示要计算两个日期之间相差天数的起始日期。

（2）参数 end_date：表示要计算两个日期之间相差天数的结束日期。

（3）参数 method：该参数是一个逻辑值，用来指定在计算中是采用欧洲方法还是采用美国方法。若为 TRUE，将采用欧洲方法，即起始日期或终止日期为一个月的 31 号时，都将等于同月的 30 号；若为 FALSE 或省略，则采用美国方法，即如果起始日期是一个月的最后一天，则等于同月的 30 号，如果终止日期是一个月的最后一天，且起始日期早于 30 号，则终止日期为次月的 1 号，否则，终止日期为同月的 30 号。

以完善"信息表"工作簿为例，具体操作如下。

步骤01　打开"素材文件 \ 第 7 章 \ 信息表 .xlsx"，选择 D2 单元格，输入公式"=ROUND(DAYS360(C2,TODAY())/360,0)"，按下【Enter】键确认，如图 7-28 所示。

步骤02　将鼠标指针移到 D2 单元格右下角，当鼠标指针变为"+"形状时，使用填充柄功能，将公式快速复制到 D3:D8 单元格区域中，如图 7-29 所示。

图 7-28　输入公式

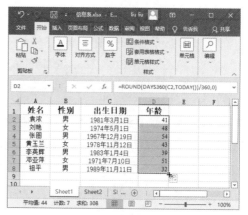

图 7-29　复制公式

在本例中，公式中使用的 ROUND 函数的功能是按要求进行四舍五入，其语法为

"=ROUND(number, num_digits)"。其中，参数 number 是需要四舍五入的数字，参数 num_digits 为指定的位数，数字将按此位数进行四舍五入，若 num_digits 大于 0，则四舍五入到指定的小数位；若 num_digits 等于 0，则四舍五入到最接近的整数；若 num_digits 小于 0，则在小数点左侧进行四舍五入。

技 能 拓 展

如果 start_date 在 end_date 之后，即第一个参数日期在第二个参数日期之后，使用 DAYS360 函数将返回一个负数。

7.4.2 使用 COUNTIFS 函数，计算符合分数范围的人数

COUNTIFS 函数的功能是统计一组给定条件所指定的单元格数目，其语法为 "=COUNTIFS(criteria_range1,criteria1,[criteria_range2,criteria2]…)"，其中，各个函数参数的含义如下。

（1）参数 criteria_range1：表示在其中计算关联条件的第一个区域。

（2）参数 criteria1：表示关联条件。关联条件的形式可以为数字、表达式、单元格引用或文本，如 ">59" "D2" "姓名" "312"。

（3）参数 criteria_range2,criteria2…：表示附加的区域及其关联条件，这些区域不需要彼此相邻，最多允许出现 127 个区域 / 条件对，同时，每个附加的区域都必须与参数 criteria_range1 具有相同的行数和列数。

以使用 COUNTIFS 函数统计工作表中满足产品为"印花 T 恤"且销售额大于"5000"的数据的数目为例，具体操作如下。

步骤01 打开"素材文件 \ 第 7 章 \ 销售月报表 1.xlsx"，在工作表中输入指定条件，如销售额">5000"、产品为"印花 T 恤"，如图 7-30 所示。

步骤02 在 K7 单元格中输入公式"=COUNTIFS(G3:G12,I7,B3:B12,J7)"，输入完成后按下【Enter】键确认，如图 7-31 所示。

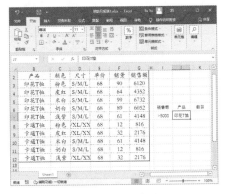

图 7-30　设置条件

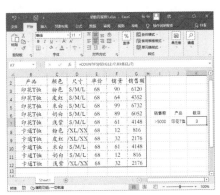

图 7-31　输入公式

7.4.3 使用 FV 函数，计算投资的未来值

使用 Excel 中的财务函数，可以轻松完成对利息、支付额、利率、收益率等数据进行的复杂的财务计算，如计算贷款的月支付额、累计偿还金额，计算年金的各期利率，计算资产折旧值，计算证券价格和收益等。

假如需要知道某项投资的未来收益情况，如 N 年后的存款总额，可使用 FV 函数实现。FV 函数的语法为 "=FV(rate,nper,pmt,pv,type)"，各参数的含义如下。

（1）rate：表示各期利率。

（2）nper：表示总投资期，即该项投资的付款期总数。

（3）pmt：表示各期应支付的金额，其数值在整个年金期间保持不变。该参数通常包括本金和利息，但不包括其他费用及税款。如果忽略 pmt 参数，则必须包括 pv 参数。

（4）pv：现值，即从该项投资开始计算时算起，已经入账的款项，或一系列未来付款的当前值的累积和，也称为本金。如果省略 pv 参数，则假设其值为 0，此时，必须包括 pmt 参数。

（5）type：为数字 "0" 或 "1"，用来指定各期的付款时间是期初还是期末。如果省略 type 参数，则假设其值为 0。

假设给定条件：年利率为 6%，总投资期为 10 年，各期应付 500 元，现值为 500 元。计算投资未来值的方法：在 B1:B4 单元格区域中输入条件，在 B5 单元格中输入公式 "=FV(B1/12,B2,B3,B4)"，按下【Enter】键确认，即可得到计算结果，如图 7-32 所示。

图 7-32　计算投资未来值

温馨提示

投资是先付出金额，因此在输入计算公式时，参数 pmt 和参数 pv 应为负数，这样得出的计算结果才为正数，即未来的收益金额。

7.4.4　使用 CONCATENATE 函数，合并区号和电话号码

CONCATENATE 函数的功能是将多个文本字符串合并成一个，该函数的语法为"=CONCATENATE(text1,[text2]…)"，其中，各函数参数的含义如下。

（1）参数 text1：表示要合并的第一个文本项，是函数中不可或缺的参数。

（2）参数 text2…：其他文本项，最多为 255 项，且项与项之间需要用逗号隔开。

举例说明 CONCATENATE 函数的使用方法，具体操作如下。

步骤01　打开"素材文件 \ 第 7 章 \ 客户资料 .xlsx"，在 C2:C7 单元格区域中输入区号，在 D2:D7 单元格区域中输入电话号码，选择 E2 单元格，输入公式"=CONCATENATE(C2,"-",D2)"，完成后按下【Enter】键确认，如图 7-33 所示。

步骤02　选择 E2 单元格，使用填充柄功能将公式快速填充到 E3:E7 单元格区域中，如图 7-34 所示。

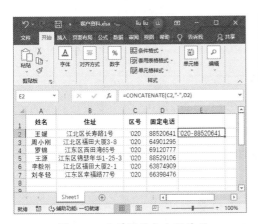

图 7-33　合并区号和电话号码

图 7-34　填充公式

课堂问答

问题❶：如何将公式计算结果转换为数值文本

答：选择需要将公式计算结果转换为数值文本的单元格，按【Ctrl+C】组合键复制单元格内容后，右击该单元格，在弹出的快捷菜单中单击【选择性粘贴】命令，在弹出的【选择性粘贴】对话框中选择【值】单选钮，完成后单击【确定】按钮，即可将公式计算结果全部转换为数值文本。

问题❷：如何快速显示工作表中的所有公式

答：在 Excel 2021 中使用公式处理数据时，默认显示计算结果，如果需要显示公式，可以选择要显示公式的单元格或单元格区域，切换到【公式】选项卡，单击【公式审核】组中的【显示公式】按钮。

上机实战——制作"现金流水表"

通过对本章内容的学习，相信读者已掌握了 Excel 中公式和函数的使用方法。下面，我们以制作"现金流水表"为例，讲解公式和函数的综合技能应用。

效果展示

"现金流水表"素材如图 7-35 所示，效果如图 7-36 所示。

图 7-35 素材

图 7-36 效果

思路分析

现金流水表是财会人员常用的表格之一，在 Excel 2021 中，只需要进行简单的公式计算，就能得到想要的结果。本例中，首先，设置标题字体格式，然后，使用简单的公式计算结余，最后，添加简单的边框，即可得到最终效果。

制作步骤

步骤01 打开"素材文件\第 7 章\现金流水表 .xlsx"，选择标题文本，单击【开始】选项卡【对齐方式】组中的【合并后居中】按钮，如图 7-37 所示，将多个单元格合并，并让标题居中显示。

步骤02 在【开始】选项卡的【字体】组中，为标题文本设置合适的字体、字号等字体格式，如图 7-38 所示。

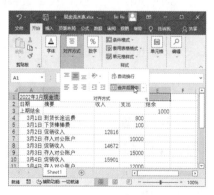

图 7-37 合并单元格

图 7-38 设置标题字体格式

步骤03 选择 E4 单元格，使用鼠标配合输入公式"=E3+C4–D4"，如图 7-39 所示。

步骤04 使用填充柄功能，将 E4 单元格中的公式填充到下方的单元格区域中，如图 7-40 所示。

图 7-39 输入计算公式

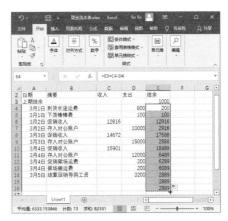

图 7-40 填充公式

步骤05 选择要进行求和操作的单元格，单击【开始】选项卡【编辑】组中的【自动求和】按钮，如图 7-41 所示。

步骤06 程序将自动选择求和区域，若默认的求和区域有误，拖动鼠标，可重新选择求和区域，如图 7-42 所示。

图 7-41 单击【自动求和】按钮

图 7-42 选择求和区域

步骤07 按下【Enter】键，得到计算结果，如图 7-43 所示。

步骤08 将公式填充到右侧单元格中，如图 7-44 所示。

步骤09 选择工作表正文内容，在【开始】选项卡【字体】组中，单击【边框】下拉按钮，在弹出的下拉列表中单击【所有框线】命令，如图 7-45 所示。

步骤10 保持工作表正文内容为选中状态，单击【对齐方式】组中的【居中】按钮，如图 7-46 所示。

图 7-43　得到求和结果

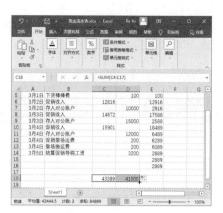

图 7-44　填充公式

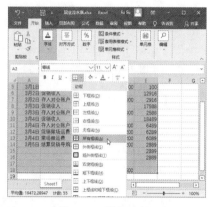

图 7-45　添加边框

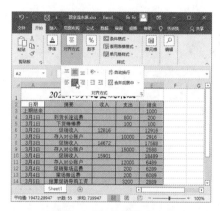

图 7-46　居中对齐

步骤11　选择工作表正文内容的标题栏，根据需要设置正文标题的字体、字号等字体格式，如图 7-47 所示。

步骤12　选择求和数据左侧的单元格区域，单击【对齐方式】组中的【合并后居中】按钮，如图 7-48 所示。

图 7-47　设置正文标题的字体格式

图 7-48　单击【合并后居中】按钮

步骤13　在合并后的单元格中输入需要的文本内容,并设置字体格式,如图7-49所示。设置完成后,按【Ctrl+S】组合键,即可保存工作表。

图 7-49　设置合并单元格内容的字体格式

同步训练——制作"销售日报表"

完成对上机实战案例的学习后,为了提高大家的动手能力,下面安排一个同步训练案例,以期达到举一反三、触类旁通的学习效果。

图解流程

同步训练案例的流程图解如图 7-50 所示。

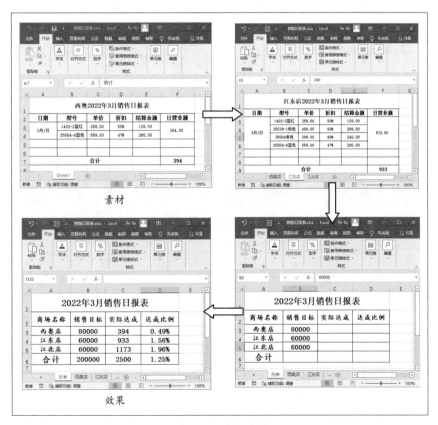

图 7-50　流程图解

　　销售日报表是销售人员常用的表格之一,其用途是汇总每日销售业绩,分析销售情况。在本例中,首先,新建多个工作表,然后,使用单元格引用功能,将多个工作表中的数据汇聚在一个工作表中,最后,使用公式对数据进行统计分析。

关键步骤

步骤01　　打开"素材文件 \ 第 7 章 \ 销售日报表 .xlsx",如图 7-51 所示。

步骤02　　双击工作表标签,工作表标签进入可编辑状态后,删除原标签名称,输入需要的名称,按下【Enter】键确认,如图 7-52 所示。

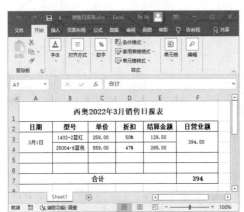

图 7-51　打开原工作表

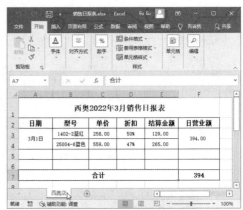

图 7-52　更改工作表标签

步骤03　　新建多个工作表,将所需要的数据复制并粘贴到新建的表中,并修改工作表标签名称,如图 7-53 所示。

步骤04　　新建一个工作表,将其命名为"总表",拖动"总表"到工作表标签栏的最左侧,如图 7-54 所示。

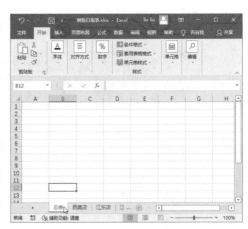

图 7-53　新建多个同格式工作表　　　　　　图 7-54　新建"总表"

步骤05 在"总表"工作表中输入数据，设置字体格式、边框等总表格式，如图 7-55 所示。

步骤06 在 C3 单元格中输入"="，如图 7-56 所示。

图 7-55 设置总表格式

图 7-56 输入"="

步骤07 切换到"西奥店"工作表，选择要引用的单元格，如图 7-57 所示。

步骤08 按下【Enter】键确认，返回"总表"工作表，即可看到引用的数据，如图 7-58 所示。

图 7-57 选择引用单元格

图 7-58 查看引用的数据

步骤09 选择 D3 单元格，输入公式"=C3/B3"，按下【Enter】键确认，得到计算结果，如图 7-59 所示。

步骤10 选择 D3 单元格，单击【开始】选项卡【数字】组右下角的展开按钮，如图 7-60 所示。

步骤11 弹出【设置单元格格式】对话框，切换到【数字】选项卡，在【分类】列表框中选择【百分比】选项，在右侧的【小数位数】微调框中设置小数位数，完成后单击【确定】按钮，如图 7-61 所示。

步骤12 将数字格式和公式应用到该列其他单元格中，如图 7-62 所示。

图 7-59　输入公式

图 7-60　单击展开按钮

图 7-61　设置数据格式

图 7-62　将数字格式和公式应用到其他单元格中

步骤13 选择 B6 单元格，单击【编辑】组中的【自动求和】按钮，如图 7-63 所示。

步骤14 即可看到默认加入计算的单元格区域，如图 7-64 所示。

图 7-63　单击【自动求和】按钮

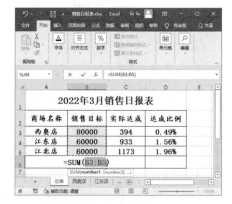

图 7-64　对数据求和

步骤15 若默认区域无误，可按下【Enter】键直接确认，如图 7-65 所示。

步骤16 将该公式引用到该行其他单元格区域中，完成后的效果如图 7-66 所示。

图 7-65　得到求和结果　　　　图 7-66　最终效果

📝 知识能力测试

本章讲解了 Excel 公式和函数的使用方法，为对知识进行巩固和考核，布置相应的练习题。

一、填空题

1．在 Excel 2021 中，运算符分为_____、_____、_____、_____4 种类型。

2．在 Excel 2021 中，一个完整的函数表达式由_____、_____和_____3 部分组成。

3．单元格引用分为_____、_____和_____3 种方式，Excel 2021 默认使用_____方式。

二、选择题

1．在混合运算公式中，由于运算符的优先级别不同，运算顺序不同。在下面的运算符中，优先级别按从高到低的顺序排列正确的是（　　）。

　A．冒号"："、加号"+"、除号"/"、等号"="

　B．冒号"："、除号"/"、加号"+"、等号"="

　C．除号"/"、加号"+"、冒号"："、等号"="

　D．等号"="、除号"/"、加号"+"、冒号"："

2．数组公式是对两组或多组名为数组参数的值进行多项运算，返回一个或多个结果的计算公式。在单元格中输入数组公式的各组成部分后，按（　　）键，即可确认对数组公式的输入。

　A．【Enter】　　　　　　　　　　B．【Ctrl+Enter】

　C．【Shift+Enter】　　　　　　　　D．【Ctrl+Shift+Enter】

3．将以下引用了单元格的公式复制或移动到其他位置后，公式中的单元格地址保持不变的是（　　）。

　A．【=E3*F3】　　B．【=$E$3*F3】　　C．【=E3*$F$3】　　D．【=$E$3*$F$3】

三、简答题

1．常见的函数参数类型主要有哪几种？

2．使用公式时，需要注意运算符的优先级别吗？请排列各运算符的优先级别。

Office
2021

第 8 章
Excel 表格数据的统计与分析

　　凭借 Excel 强大的数据处理与分析功能，可以轻松地完成数据处理与分析工作。本章将详细介绍在 Excel 2021 中进行数据排序、数据筛选，以及数据分类汇总的相关知识。

学习目标

- 熟练掌握对数据进行单条件排序的操作
- 熟练掌握对数据进行多条件排序的操作
- 熟练掌握自动筛选数据的操作
- 熟练掌握多条件筛选数据的操作
- 学会分类汇总数据的方法

8.1 数据排序

在 Excel 2021 中，对数据排序是指按照一定的规则对工作表中的数据进行排列，以便进一步处理和分析这些数据。本节将介绍对数据排序的多种方法。

8.1.1 单条件排序

对 Excel 中的数据进行处理和分析前，通常需要先对数据进行升序或降序排列。其中，"升序"是指将选择的数据按从小到大的顺序排列，"降序"是指将选择的数据按从大到小的顺序排列。在 Excel 2021 中，按一个条件对数据进行升序或降序排列的排序方法有以下两种。

1．使用快捷菜单排序

步骤01　选择需要进行排序的数据区域并右击，在弹出的快捷菜单中单击【排序】命令，在弹出的级联菜单中单击【升序】或【降序】命令，如图 8-1 所示。

步骤02　弹出【排序提醒】对话框，选择【扩展选定区域】单选钮，单击【排序】按钮，如图 8-2 所示。

图 8-1　使用快捷菜单排序

图 8-2　【排序提醒】对话框

2．使用功能区排序

步骤01　选择需要进行排序的数据区域，切换到【开始】选项卡，在【排序和筛选】选项组中单击【升序】或【降序】命令，如图 8-3 所示。

步骤02　弹出【排序提醒】对话框，选择【扩展选定区域】单选钮，单击【排序】按钮，如图 8-4 所示。

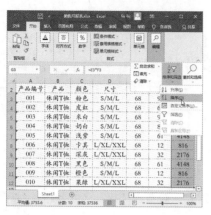

图 8-3 使用功能区排序

图 8-4 单击【排序】按钮

8.1.2 多条件排序

多条件排序是指依据多个数据规则对工作表中的数据进行排序操作。以在"销售月报表"中同时对"销售额"和"销量"进行"降序"排列为例，具体操作如下。

步骤01 打开"素材文件\第 8 章\销售月报表 .xlsx"，选择整个数据区域，单击【数据】选项卡【排序和筛选】组中的【排序】按钮，如图 8-5 所示。

步骤02 弹出【排序】对话框，在【主要关键字】下拉列表框中选择【销售额】选项，在【排序依据】下拉列表框中选择【单元格值】选项，在【次序】下拉列表框中选择【降序】选项，如图 8-6 所示。

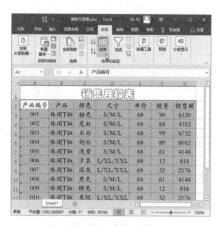

图 8-5 单击【排序】按钮

图 8-6 设置主要关键字和排序依据、次序

步骤03 单击【添加条件】按钮，在【次要关键字】下拉列表框中选择【销量】选项，在【排序依据】下拉列表框中选择【单元格值】选项，在【次序】下拉列表框中选择【降序】选项，完成后单击【确定】按钮，如图 8-7 所示。

步骤04 返回 Excel 工作表，即可看到按多个条件排序后的结果，如图 8-8 所示。

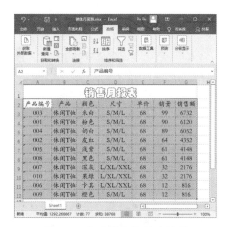

图 8-7 设置次要关键字和排序依据、次序   图 8-8 查看多条件排序结果

8.1.3 按汉字笔划排序

为了便于后期进行检索处理，在很多文本类型的电子表格中，需要以汉字的笔划为依据进行排序。以对"员工信息表"工作表中的"姓名"列按笔划进行"升序"排列为例，具体操作如下。

步骤01   打开"素材文件 \ 第 8 章 \ 员工信息表 .xlsx"，将光标插入点定位在任意单元格中，单击【数据】选项卡【排序和筛选】组中的【排序】按钮，如图 8-9 所示。

步骤02   弹出【排序】对话框，在【主要关键字】下拉列表框中选择【姓名】选项，在【排序依据】下拉列表框中选择【单元格值】选项，在【次序】下拉列表框中选择【升序】选项，完成后单击【选项】按钮，如图 8-10 所示。

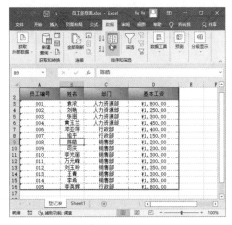

图 8-9 单击【排序】按钮   图 8-10 设置排序方式

步骤03   弹出【排序选项】对话框，在【方法】栏中，选择【笔划排序】单选钮，单击【确定】按钮，如图 8-11 所示。返回【排序】对话框，单击【确定】按钮。

步骤04 返回 Excel 工作表，即可看到按笔划排序后的结果，如图 8-12 所示。

图 8-11 设置按笔划排序

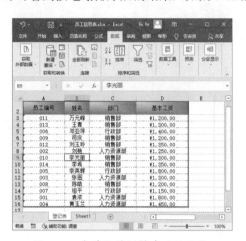

图 8-12 查看按笔划排序后的结果

温馨提示 对工作表中的文本进行排序时，除了按笔划的多少排序，还可以选择【字母排序】，按首字母/拼音的第一个字母从 A 到 Z 的顺序进行排序。

课堂范例——快速查看"成绩表"排名

使用 Excel 的排序功能，可以快速对工作表中的数据按指定条件进行排序，以便用户快速分析数据。以对"成绩表"中的成绩进行降序排列为例，具体操作如下。

步骤01 打开"素材文件\第8章\成绩表.xlsx"，选择成绩数据所在的单元格区域，切换到【数据】选项卡，单击【排序】按钮，如图 8-13 所示。

步骤02 弹出【排序提醒】对话框，选择【扩展选定区域】单选钮，单击【排序】按钮，如图 8-14 所示。

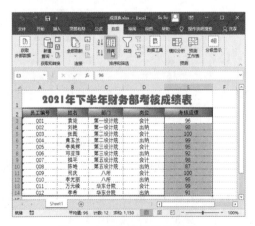

图 8-13 单击【排序】按钮

图 8-14 单击【排序】按钮

步骤03　弹出【排序】对话框，在【主要关键字】下拉列表框中选择【考核成绩】选项，在【排序依据】下拉列表框中选择【单元格值】选项，在【次序】下拉列表框中选择【降序】选项，单击【确定】按钮，如图 8-15 所示。

步骤04　返回工作表，即可看到将"成绩表"按成绩由高到低进行排序后的效果，如图 8-16 所示。

图 8-15　设置主要关键字和排序依据、方式　　　　图 8-16　查看排序结果

8.2　数据筛选

数据筛选指只显示符合用户设置条件的数据信息，隐藏不符合条件的数据信息。在 Excel 2021 中，用户可以根据实际需要进行自动筛选、高级筛选或自定义筛选。

8.2.1　自动筛选

自动筛选指按照选定的条件或内容筛选数据，主要用于简单条件筛选和指定数据筛选。

1．简单条件筛选

以在"销售统计表"工作簿中筛选名为"显示器"的产品为例，具体操作如下。

步骤01　打开"素材文件\第 8 章\销售统计表 .xlsx"，将光标插入点定位到工作表的数据区域中，切换到【数据】选项卡，单击【排序和筛选】组中的【筛选】按钮，如图 8-17 所示。

步骤02　进入筛选状态，单击需要进行筛选的字段名右侧的下拉按钮，在弹出的下拉列表中选择要筛选的选项，单击【确定】按钮，如图 8-18 所示。

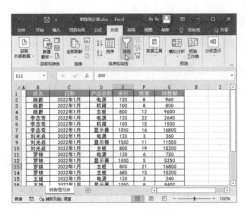

图 8-17　单击【筛选】按钮

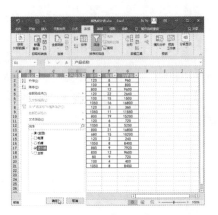

图 8-18　设置【筛选】选项

步骤03　返回工作表，即可看到工作表中只显示符合筛选条件的数据信息，同时，字段名【产品名称】右侧的下拉按钮变为 状态，如图 8-19 所示。

筛选数据后，如果需要重新显示工作表中被隐藏的数据，可以使用下面两种方法实现。

（1）单击【开始】选项卡【编辑】组中的【排序和筛选】下拉按钮，在弹出的下拉列表中单击【筛选】命令，即可重新显示工作表中被隐藏的数据，同时退出数据筛选状态。

（2）单击【产品名称】字段名右侧的 按钮，在弹出的下拉列表中勾选【全选】复选框，单击【确定】按钮，如图 8-20 所示。

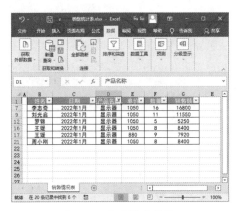

图 8-19　查看筛选结果

图 8-20　勾选【全选】复选框

2．指定数据筛选

以在"销售统计表"工作簿中筛选销售数量最多的 3 项为例，对指定数据进行筛选，具体操作如下。

步骤01　打开"素材文件\第 8 章\销售统计表.xlsx"，将光标插入点定位到工作表的数据区域中，切换到【数据】选项卡，单击【排序和筛选】组中的【筛选】按钮，如图 8-21 所示。

步骤02　单击【数量】字段名右侧的下拉按钮 ，在弹出的下拉列表中单击【数字筛选】命令，在弹出的级联列表中单击【前 10 项】命令，如图 8-22 所示。

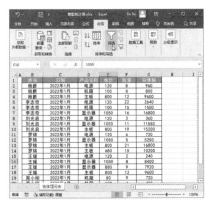

图 8-21　单击【筛选】按钮

图 8-22　单击【前 10 项】命令

步骤03　弹出【自动筛选前 10 个】对话框，在【显示】组合框中，根据需要进行选择，如本例选择显示【最大】的【3 项】数据，单击【确定】按钮，如图 8-23 所示。

步骤04　返回 Excel 工作表，即可看到工作表中的数据按照【数量】字段进行了最大前 3 项的筛选，如图 8-24 所示。

图 8-23　设置筛选条件

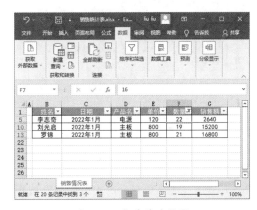

图 8-24　查看筛选结果

8.2.2　高级筛选

在实际工作中，有时会遇到需要筛选的数据区域中数据信息很多，筛选条件也比较复杂的情况，这时，使用高级筛选功能进行筛选条件设置，能够提高工作效率，具体操作如下。

步骤01　打开"素材文件 \ 第 8 章 \ 销售统计表 .xlsx"，在空白单元格区域中增加一个筛选条件区域，输入列标题和筛选条件，如图 8-25 所示。

步骤02　切换到【数据】选项卡，单击【排序和筛选】组中的【高级】按钮，如图 8-26 所示。

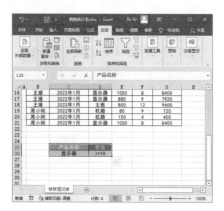

图 8-25　输入筛选条件

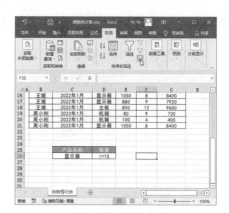

图 8-26　单击【高级】按钮

步骤03　弹出【高级筛选】对话框，【列表区域】文本框中默认显示工作表中的数据区域，将光标插入点定位到【条件区域】文本框中，单击右侧的折叠按钮，如图 8-27 所示。

步骤04　拖动鼠标，选择步骤 01 中设置的条件区域，如图 8-28 所示。

图 8-27　单击折叠按钮

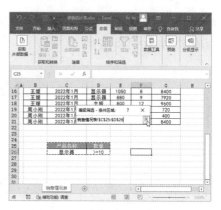

图 8-28　选择设置的条件区域

步骤05　完成选择后，再次单击折叠按钮，返回【高级筛选】对话框，单击【确定】按钮，如图 8-29 所示。

步骤06　返回 Excel 工作表，即可看到符合条件的筛选结果，如图 8-30 所示。

图 8-29　确认选择条件

图 8-30　筛选结果

8.2.3 自定义筛选

在 Excel 2021 中，用户可以根据实际情况自定义设置筛选条件，以获得需要的筛选结果，具体操作如下。

步骤01 将光标插入点定位在工作表的数据区域中，切换到【数据】选项卡，单击【排序和筛选】组中的【筛选】按钮，如图 8-31 所示。

步骤02 单击要进行自定义筛选的字段名右侧的下拉按钮▼，如单击【数量】字段名右侧的下拉按钮，在弹出的下拉列表中单击【数字筛选】命令，在弹出的级联列表中单击【自定义筛选】命令，如图 8-32 所示。

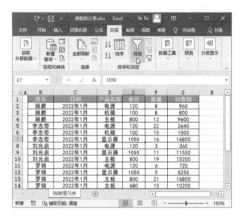

图 8-31 单击【筛选】按钮

图 8-32 单击【自定义筛选】命令

> **技能拓展**
>
> 使用自定义筛选功能，可以对数据进行模糊筛选、范围筛选及通配筛选。通配符为"?"和"*"，应在英文状态下输入，其中，"?"代表一个字符，"*"代表任意字符。

步骤03 弹出【自定义自动筛选方式】对话框，在【数量】组合框中设置筛选条件，单击【确定】按钮，如图 8-33 所示。

图 8-33 确认筛选条件

步骤04 返回 Excel 工作表，即可看到按照自定义设置的筛选条件在工作表中显示的筛选结果，如图 8-34 所示。

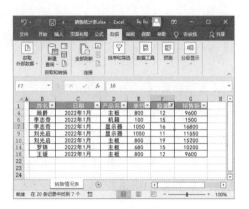

图 8-34　筛选结果

课堂范例——按指定条件筛选"库存表"数据

使用筛选功能，可以快速从复杂的工作表中筛选出用户需要的数据，本例以按指定条件筛选"库存表"数据为例，筛选"结存数"小于等于"5"的所有数据，具体操作如下。

步骤01　打开"素材文件\第 8 章\库存表.xlsx"，选择工作表中的任意单元格，切换到【数据】选项卡，单击【筛选】按钮，如图 8-35 所示。

步骤02　单击要进行筛选的字段名右侧的下拉按钮，本例中单击【结存数】字段名右侧的下拉按钮，在弹出的下拉列表中单击【数字筛选】命令，在弹出的级联列表中单击【小于或等于】命令，如图 8-36 所示。

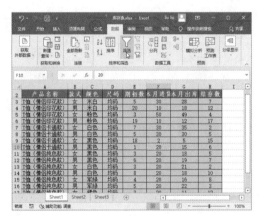

图 8-35　单击【筛选】按钮

图 8-36　单击【小于或等于】命令

步骤03　弹出【自定义自动筛选方式】对话框，在【小于或等于】下拉列表框后的文本框中输入"5"，单击【确定】按钮，如图 8-37 所示。

步骤04　返回 Excel 工作表，即可在工作表中看到按照指定的筛选条件筛选出的结果，如图 8-38 所示。

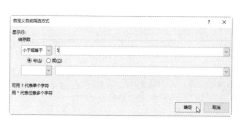

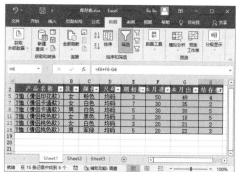

图 8-37　设置筛选条件　　　　　　　　图 8-38　筛选结果

8.3　分类汇总

Excel 2021 为用户提供了分类汇总功能，使用此功能，可以先将表格中的数据进行分类，再把性质相同的数据汇总在一起，使其结构更清晰，更利于用户查找使用。

8.3.1　简单分类汇总

简单分类汇总用于先对工作表中的某一列数据进行排序，再进行分类汇总，具体操作如下。

步骤01　打开"素材文件\第 8 章\销售统计表 .xlsx"，将光标插入点定位在【产品名称】列中，切换到【数据】选项卡，单击【排序和筛选】组中的【升序】按钮，即可将【产品名称】列升序排列，如图 8-39 所示。

步骤02　切换到【数据】选项卡，单击【分级显示】组中的【分类汇总】按钮，如图 8-40 所示。

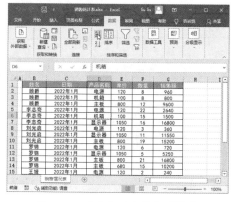

图 8-39　对【产品名称】列排序　　　　图 8-40　单击【分类汇总】按钮

步骤03 弹出【分类汇总】对话框，在【分类字段】下拉列表框中选择【产品名称】选项，在【汇总方式】下拉列表框中选择【求和】选项，在【选定汇总项】列表框中勾选【销售额】复选框，单击【确定】按钮，如图 8-41 所示。

步骤04 返回 Excel 工作表，即可看到表中数据按照步骤 03 中的设置进行了分类汇总，并分组显示了分类汇总后的数据信息，如图 8-42 所示。

图 8-41　设置分类汇总条件

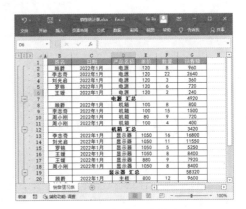

图 8-42　分类汇总结果

8.3.2 高级分类汇总

高级分类汇总主要用于对工作表中的某一列数据进行同时满足不同条件的分类汇总。相较于简单分类汇总，高级分类汇总的结果更加清晰，更便于用户分析数据信息，具体操作如下。

步骤01 打开"素材文件\第 8 章\销售统计表 .xlsx"，将光标插入点定位在【产品名称】列中，单击【数据】选项卡【排序和筛选】组中的【升序】按钮，即可将【产品名称】列升序排列，如图 8-43 所示。

步骤02 单击【数据】选项卡【分级显示】组中的【分类汇总】按钮，如图 8-44 所示。

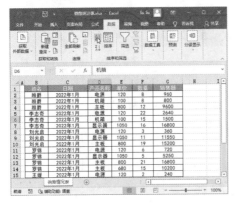

图 8-43　对【产品名称】列排序

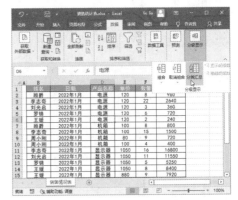

图 8-44　单击【分类汇总】按钮

步骤03 弹出【分类汇总】对话框，在【分类字段】下拉列表框中选择【产品名称】选项，在【汇总方式】下拉列表框中选择【求和】选项，在【选定汇总项】列表框中勾选【销售额】复选框，单击【确定】按钮，如图 8-45 所示。

步骤04 返回 Excel 工作表，将光标插入点定位在数据区域中，再次单击【数据】选项卡【分级显示】组中的【分类汇总】按钮，如图 8-46 所示。

图 8-45　设置分类汇总条件

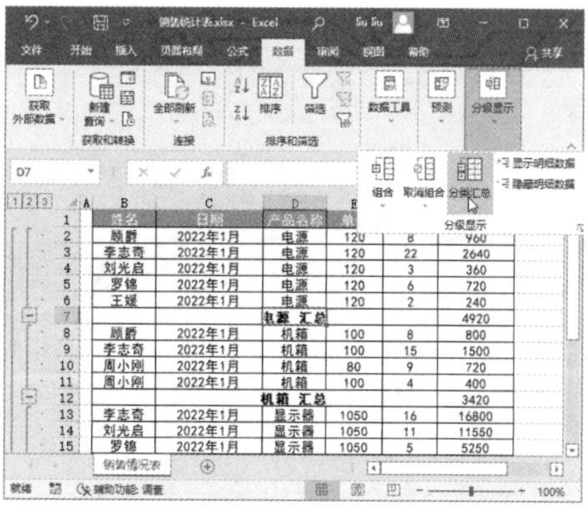

图 8-46　再次单击【分类汇总】按钮

步骤05 弹出【分类汇总】对话框，在【分类字段】下拉列表框中选择【产品名称】选项，在【汇总方式】下拉列表框中选择【最大值】选项，在【选定汇总项】列表框中勾选【销售额】复选框，取消勾选【替换当前分类汇总】复选框，单击【确定】按钮，如图 8-47 所示。

步骤06 返回 Excel 工作表，即可看到对数据区域进行两次分类汇总后的结果，如图 8-48 所示。

图 8-47　再次设置分类汇总条件

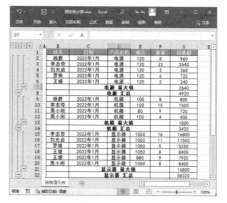

图 8-48　分类汇总结果

8.3.3　隐藏与显示汇总结果

在实际工作中，用户可以根据需要隐藏或显示部分分类汇总数据信息。下面介绍在

Excel 2021 中隐藏或显示分类汇总结果的具体方法。

对数据进行分类汇总后，数据区域左侧会显示层次分明的分级显示按钮▣，单击这些按钮，可以隐藏相应的汇总数据。例如，单击第一个分级显示按钮▣，按钮会变成⊞状态，隐藏其所控制的汇总数据信息，如图 8-49 所示，单击⊞按钮，即可重新显示其所控制的汇总数据信息，如图 8-50 所示。

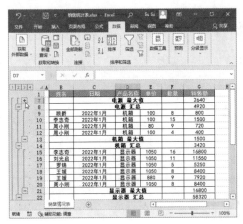

| 图 8-49 隐藏汇总数据 | 图 8-50 显示汇总数据 |

分级显示按钮上方有一行数据等级按钮▣▣▣▣，它们将汇总结果自动归入不同等级，本例包含四级，若单击数据等级按钮▣，数据区域中将只显示前两级分类汇总结果。

📖 课堂问答

问题❶：如何取消汇总数据的分级显示

答：将光标插入点定位在数据区域中，单击【数据】选项卡【分级显示】组中的【取消组合】下拉按钮，在弹出的下拉列表中单击【清除分级显示】命令。

问题❷：如何将数据区域转换为列表

答：在 Excel 2021 中，可以将指定的数据区域转换为列表，以方便对指定区域中的数据进行管理及分析处理。首先，选择需要转换为列表的数据区域，切换到【插入】选项卡，然后，单击【表格】组中的【表格】按钮，最后，在弹出的【创建表】对话框中单击【确定】按钮。

🖼 上机实战——分析"采购明细表"中的数据

通过对本章内容的学习，相信读者已掌握了在 Excel 2021 中对数据进行排序、筛选和分类汇总的相关操作。下面，我们以制作"采购明细表"为例，介绍分析数据的综合技能应用。

"采购明细表"素材如图 8-51 所示，效果如图 8-52 所示。

图 8-51　素 材　　　　　　　　　　　　　图 8-52　效 果

思路分析

在大多数行业中，物资采购是必不可少的，相关负责人不仅要学习"物资采购明细表"的制作方法，还要学会分析表格数据。本例中，首先对表格内容进行排序，然后按照【部门】对采购物品的总价进行分类汇总，最后得到汇总结果。

制作步骤

步骤01　打开"素材文件\第 8 章\采购明细表 .xlsx"，如图 8-53 所示。

步骤02　选择工作表中包含数据的任意单元格，切换到【数据】选项卡，单击【排序和筛选】组中的【排序】按钮，如图 8-54 所示。

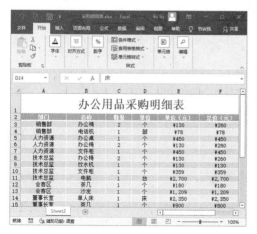

图 8-53　打开原工作表

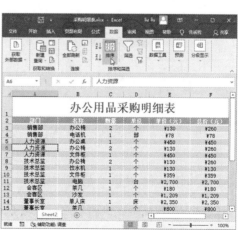

图 8-54　单击【排序】按钮

步骤03 弹出【排序】对话框，在【主要关键字】下拉列表框中选择【部门】选项，在【排序依据】下拉列表框中选择【单元格值】选项，在【次序】下拉列表框中选择【降序】选项，单击【确定】按钮，如图 8-55 所示。

步骤04 单击【数据】选项卡【分级显示】组中的【分类汇总】按钮，如图 8-56 所示。

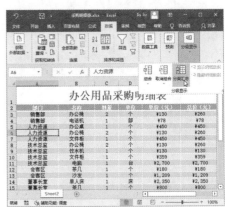

图 8-55 设置排序条件　　　　　　图 8-56 单击【分类汇总】按钮

步骤05 弹出【分类汇总】对话框，在【分类字段】下拉列表框中选择【部门】选项，在【汇总方式】下拉列表框中选择【求和】选项，在【选定汇总项】列表框中勾选【总价（元）】复选框，单击【确定】按钮，如图 8-57 所示。

步骤06 返回工作表，即可看到按【部门】对采购【总价】进行【求和】汇总的最终效果，如图 8-58 所示。

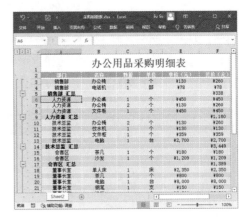

图 8-57 【分类汇总】对话框　　　　　图 8-58 汇总结果

🌐 同步训练——分析"销售明细表"中的数据

完成对上机实战案例的学习后，为了提高大家的动手能力，下面安排一个同步训练案例，以期达到举一反三、触类旁通的学习效果。

同步训练案例的流程图解如图 8-59 所示。

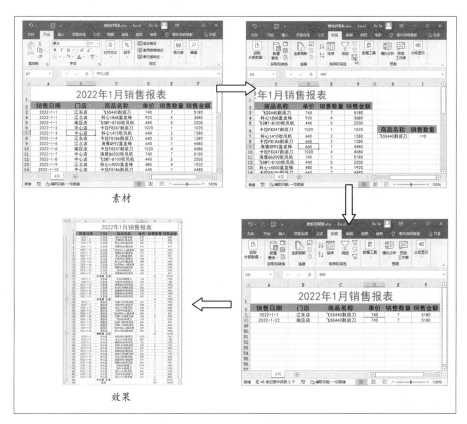

图 8-59　流程图解

思路分析

销售明细表是决策者分析销售数据、制定销售目标的重要依据，因此，需要掌握对销售明细表进行排序、筛选和分类汇总的方法。

本例中，先建立条件区域，对符合条件的数据进行高级筛选，再使用嵌套分类汇总方法，对数据区域进行多条件分类汇总。

关键步骤

步骤01　打开"素材文件 \ 第 8 章 \ 销售明细表 .xlsx"，如图 8-60 所示。

步骤02　在空白单元格区域中增加一个筛选条件区域，输入列标题和筛选条件，如图 8-61 所示。

步骤03　选择数据区域中的任意单元格，切换到【数据】选项卡，单击【排序和筛选】组中的【高级】按钮，如图 8-62 所示。

步骤04　弹出【高级筛选】对话框，单击【条件区域】文本框右侧的【折叠】按钮，如图 8-63 所示。

图 8-60　打开工作表

图 8-61　设置条件区域

图 8-62　单击【高级】按钮

图 8-63　单击【折叠】按钮

步骤05　拖动鼠标，选择步骤 02 中设置的条件区域，该条件区域将被引用到文本框中，再次单击【折叠】按钮，如图 8-64 所示。

步骤06　返回【高级筛选】对话框，单击【确定】按钮，如图 8-65 所示。

图 8-64　选择条件区域

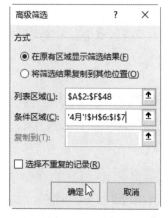

图 8-65　确认条件

步骤07　在返回的工作表中，可以看到按自定义条件进行高级筛选后的结果，单击【数据】选项卡【排序和筛选】组中的【清除】按钮，如图 8-66 所示。

步骤08　工作表将返回筛选前的状态，单击【数据】选项卡【排序和筛选】组中的【排序】按钮，如图 8-67 所示。

图 8-66　单击【清除】按钮

图 8-67　单击【排序】按钮

步骤09　弹出【排序】对话框，在【主要关键字】下拉列表框中选择【门店】选项，在【排序依据】下拉列表框中选择【单元格值】选项，在【次序】下拉列表框中选择【升序】选项，单击【确定】按钮，如图 8-68 所示。

步骤10　单击【分级显示】组中的【分类汇总】按钮，如图 8-69 所示。

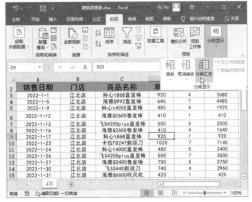

图 8-68　设置排序条件

图 8-69　单击【分类汇总】按钮

步骤11　弹出【分类汇总】对话框，在【分类字段】下拉列表框中选择【门店】选项，在【汇总方式】下拉列表框中选择【求和】选项，在【选定汇总项】列表框中选择【销售数量】和【销售金额】两个复选框，单击【确定】按钮，如图 8-70 所示。

步骤12　返回工作表，即可看到按【门店】对【销售数量】和【销售金额】进行【求和】汇总的最终效果，如图 8-71 所示。

图 8-70　分类汇总

图 8-71　汇总结果

知识能力测试

本章讲解了在 Excel 2021 中对数据进行排序、筛选和分类汇总的相关操作，为对知识进行巩固和考核，布置相应的练习题。

一、填空题

1. 排序是在 Excel 中做数据分析前最常用的操作，其中，_____指对选择的数据按从小到大的顺序排列，_____指对选择的数据按从大到小的顺序排列。

2. 按笔划多少排序人名数据时，若"姓"的笔划数相同，系统将按照_____、_____、_____、_____的起笔顺序排列。

3. 对"姓名"进行笔划排序时，若姓氏同音不同字，按首字_____的多少排序；若姓氏同音且同字，按_____的多少排序；若姓名的首字和第二个字都相同，则按_____的多少排序，以此类推。

二、选择题

1. 在 Excel 中，可以使用通配符筛选数据，通配符应在英文状态下输入，其中（　　）代表一个字符，（　　）代表多个字符。

  A. &　　　　　　　　B. ?　　　　　　　　C. *　　　　　　　　D. ^

2. 对"姓名""名称"等文本型数据进行排序操作时，默认以（　　）的方法完成排序。

  A. 字母排序　　　　　　　　　　　　B. 笔划排序

  C. 单元格颜色排序　　　　　　　　　D. 行排序

3. 将"万文""王小何""王小花""王芳"等几个名字升序排列，默认情况下的排序结果是（　　）。

  A. 万文、王小何、王小花、王芳

B．万文、王芳、王小何、王小花

C．王芳、王小何、王小花、万文

D．王小花、王小何、王芳、万文

三、简答题

1．对数据进行排序时，若要自定义排序方式，该如何操作？

2．进行数据筛选时，若不希望筛选出的结果显示在原数据区域内，该如何操作？

Office
2021

第 9 章
Excel 表格数据的可视化分析

　　Excel 的图表功能非常强大，使用 Excel 图表，可以更直观、生动地展示想要传达的信息，更利于用户对数据进行理解和分析。本章将详细介绍在 Excel 2021 中创建图表、编辑图表及美化图表的相关操作。

学习目标

- 了解图表的类型
- 熟练掌握创建图表的方法
- 熟练掌握编辑图表的方法
- 熟练掌握美化图表的方法
- 熟练掌握创建迷你图的方法

9.1 创建与编辑图表

图表是重要的数据分析工具之一，使用图表，能将工作表中的数据用图形进行展示，从而清楚地反映数据的大小和变化情况。

9.1.1 认识图表

Excel 图表是由各图表元素构成的，以簇状柱形图为例，常见的图表构成如图 9-1 所示，图表中各元素的含义见表 9-1。

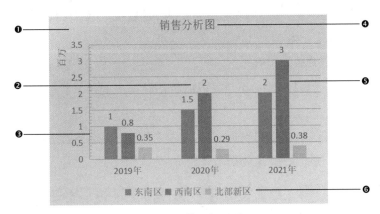

图 9-1　簇状柱形图

表 9-1　簇状柱形图中各元素的含义

❶ 图表区	图表所在的区域
❷ 绘图区	包含数据系列图形的区域
❸ 坐标轴	包括横坐标轴（X 轴）和纵坐标轴（Y 轴），坐标轴上有刻度线、刻度标签等，一个图表最多可以有 4 个坐标轴，即主 X 轴、主 Y 轴和次 X 轴、次 Y 轴
❹ 图表标题	在 Excel 2021 中，默认使用系列名称作为图表标题，用户可以根据需要进行修改
❺ 数据系列	根据源数据绘制的图形，用于生动形象地反映数据，是图表的关键组成部分
❻ 图例	标明图表中的图形代表的数据系列

此外，Excel 2021 还内置一些在数据分析中很实用的图表元素，通过【图表工具 / 图表设计】选项卡中的【图表布局】组进行相关操作，可以根据需要轻松添加这些图表元素。

（1）数据标签：用于显示数据系列的源数据的值，为避免图表变得杂乱，可以在数据标签和 Y 轴刻度标签中选择一种进行添加。

（2）误差线：常见于质量管理方面的图表，用于显示误差范围，有标准误差线、百分比误差线、标准偏差误差线等选项。

（3）网格线：分为水平网格线和垂直网格线两种，分别与横坐标轴（X 轴）和纵坐标轴（Y 轴）上的刻度线对应，是用于比较数值大小的参考线。

（4）趋势线：常见于时间序列方面的图表，是根据源数据，按照回归分析法绘制的预测线，有线性、指数等多种类型。

（5）涨 / 跌柱线：常见于股票图表，是在有两个以上系列的折线图中，在第一个系列和最后一个系列之间绘制的柱形或线条，即涨柱或跌柱。

9.1.2 创建图表

Excel 2021 内置大量图表，如柱形图、折线图、饼图、条形图、面积图、散点图、地图、股价图、曲面图、雷达图、树状图、旭日图、直方图、箱型图、瀑布图、漏斗图等，用户可以根据不同的需要，选用适当的图表类型。

1．使用功能区快速插入图表

步骤01 打开"素材文件 \ 第 9 章 \ 图表 .xlsx"，选择用来创建图表的数据区域，如图 9-2 所示。

步骤02 切换到【插入】选项卡，在【图表】组中，选择要插入的图表类型，在弹出的下拉列表中选择图表样式，如图 9-3 所示。

图 9-2 选择数据区域　　　　　图 9-3 选择图表样式

2．使用对话框插入图表

步骤01 选择用来创建图表的数据区域，切换到【插入】选项卡，单击【图表】组右下角的功能扩展按钮，如图 9-4 所示。

步骤02 弹出【插入图表】对话框，选择需要的图表类型和样式后，单击【确定】按钮，即可创建相应的图表，如图 9-5 所示。

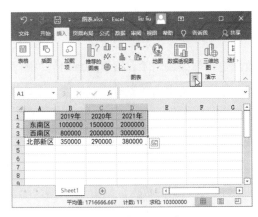

图 9-4　选择数据区域

图 9-5　选择图表类型和样式

技 能 拓 展

在 Excel 2021 中，默认的图表类型为簇状柱形图，选择用来创建图表的数据区域，按【Alt+F1】组合键，即可快速创建簇状柱形图。

9.1.3　调整图表大小和位置

创建图表后，单击图表中的空白区域，选择整个图表，将显示图表的边框，边框上可见 8 个控制点，用户可以根据实际需要调整图表的大小和位置。

（1）调整图表大小：将鼠标指针移到控制点上，当鼠标指针变为双向箭头形状时，按住鼠标左键进行拖动，即可调整图表大小，如图 9-6 所示。

（2）调整图表位置：将鼠标指针移到图表的空白区域，当鼠标指针变为""形状时，按住鼠标左键，鼠标指针变为"↔"形状，拖动图表到目标位置后，释放鼠标左键即可，如图 9-7 所示。

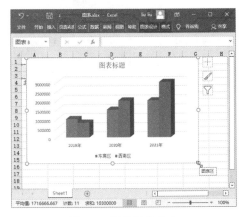

图 9-6　调整图表大小

图 9-7　调整图表位置

9.1.4 修改图表数据

创建图表后，有时需要对单元格中的数据进行修改或删除。需要注意的是，图表中的数据与单元格中的数据是同步显示的，即修改单元格中的数据时，对应图表中的图形也会同步发生改变，具体操作如下。

步骤01 打开"素材文件\第9章\图表.xlsx"，在其中输入数据并创建一个图表，如图9-8所示。

步骤02 选择要修改数据的单元格，在其中输入新的数据，如图9-9所示。

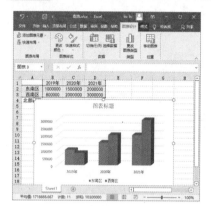

图9-8 创建图表

图9-9 修改数据

步骤03 修改完成后，图表的内容同步发生改变，如图9-10所示。

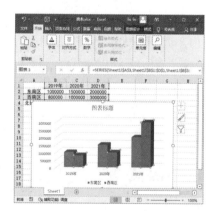

图9-10 图表效果

9.1.5 更改数据源

如果更改数据源，图表中的数据系列也会发生相应的变化，具体操作如下。

步骤01 选择图表，切换到【图表工具/图表设计】选项卡，单击【数据】组中的【选择数据】按钮，如图9-11所示。

步骤02 弹出【选择数据源】对话框，单击【图表数据区域】文本框后的折叠按钮，如图9-12所示。

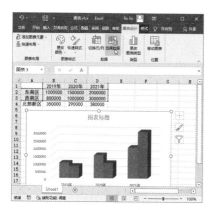

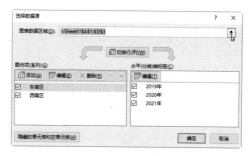

图 9-11　单击【选择数据】按钮	图 9-12　单击折叠按钮

步骤03　返回工作表，更改数据源后，再次单击【选择数据源】对话框中的折叠按钮，如图 9-13 所示。

步骤04　返回【选择数据源】对话框，单击【确定】按钮，如图 9-14 所示。

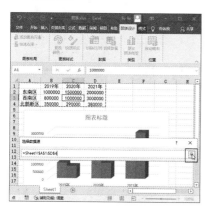

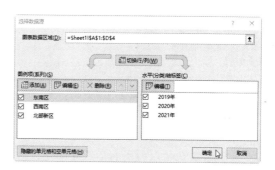

图 9-13　重新选择数据	图 9-14　单击【确定】按钮

步骤05　返回工作表，即可看到更改数据源之后的图表效果，如图 9-15 所示。

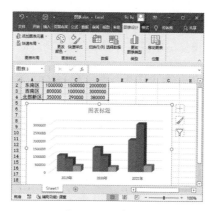

图 9-15　图表效果

9.1.6 添加并设置数据标签

为了使图表更加清晰、易读，用户可以为图表添加数据标签，方法：选择图表，单击图表控制框右侧的 ⊞ 按钮，在弹出的快捷菜单中勾选【数据标签】复选框，如图9-16所示。

添加数据标签后，用户可以根据需要设置数据标签的格式，方法：在需要设置格式的数据标签上右击，在弹出的快捷菜单中单击【设置数据标签格式】命令，打开【设置数据标签格式】窗格，对数据标签的格式进行相应的设置后，单击【关闭】按钮，如图9-17所示。

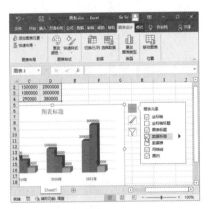

图 9-16　使用控制按钮设置数据标签

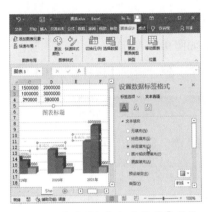

图 9-17　【设置数据标签格式】窗格

技能拓展

如果默认插入的图表标题被删除，用户可以手动添加：选择图表，单击控制框右侧的 ⊞ 按钮，在弹出的快捷菜单中勾选【图表标题】复选框，在弹出的级联列表中设置图表标题的显示位置，并在对应的文本框中输入需要的图表标题。

9.1.7 创建组合图表

默认情况下，创建的图表是单个图表，为了使图表更美观，或者突出显示某个数据系列，可以创建组合图表，具体操作如下。

步骤01　打开"素材文件\第9章\图表.xlsx"，选择用来创建图表的数据区域后，切换到【插入】选项卡，单击【图表】组中的【插入组合图】下拉按钮，在弹出的下拉列表中单击【创建自定义组合图】命令，如图9-18所示。

步骤02　弹出【插入图表】对话框，切换到【所有图表】→【组合图】→【自定义组合】子选项卡，根据需要设置组合图表类型，单击【确定】按钮，如图9-19所示。

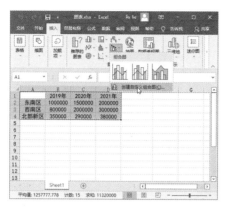

图 9-18　单击【创建自定义组合图】命令

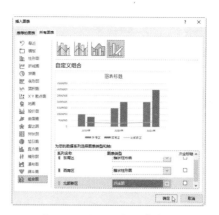

图 9-19　设置组合图表类型

课堂范例——制作"产品销售趋势图"

将数据转换为可视化图表，不仅看起来赏心悦目，也更加直观易懂，以将"销售额统计表"转换为"产品销售趋势图"为例，在 Excel 2021 中插入图表的具体操作如下。

（步骤01）　打开"素材文件\第9章\销售额统计表.xlsx"，选择数据区域，切换到【插入】选项卡，单击【图表】组中的【插入折线图或面积图】下拉按钮，在弹出的下拉列表中选择一种折线图样式，如图 9-20 所示。

（步骤02）　返回工作表，即可看到所插入的销售额趋势图的效果，如图 9-21 所示。

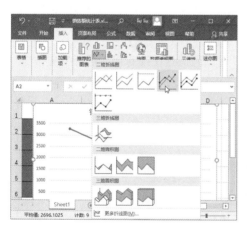

图 9-20　选择折线图样式

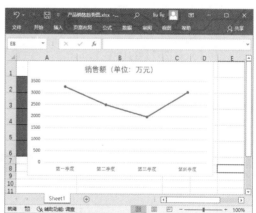

图 9-21　图表效果

（步骤03）　打开【文件】选项卡，切换到【另存为】子选项卡，单击【其他位置】栏中的【浏览】按钮，如图 9-22 所示。

（步骤04）　弹出【另存为】对话框，设置图表的保存位置，并将文件名重命名为"产品销售趋势图"，单击【保存】按钮，如图 9-23 所示。

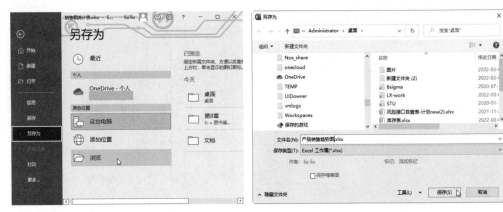

图 9-22　单击【浏览】按钮　　　　　　　图 9-23　将文件另存

9.2 美化图表外观

创建并编辑图表后，用户可以根据自己的喜好，对图表布局和样式进行设置。
下面将为大家介绍设置图表布局、图表文字及图表背景的操作。

9.2.1 设置图表布局

完整的图表通常包括图表标题、图表区、绘图区、数据标签、坐标轴和网格线等元素，
布局合理可以使图表更加美观。

使用 Excel 2021 的内置布局样式，用户可以对图表进行快速布局：选择要更改布局
的图表，切换到【图表工具/图表设计】选项卡，单击【图表布局】组中的【快速布局】
下拉按钮，在弹出的下拉列表中选择需要的布局样式，即可将该布局方案应用到图表中，
如图 9-24 所示。

图 9-24　更改图表布局样式

9.2.2　设置图表文字

在对图表进行美化操作的过程中，用户可以根据实际需要，对图表中文字的字体、字号和字体颜色等字体格式进行设置，具体操作如下。

步骤01　右击图表，在弹出的快捷菜单中单击【字体】命令，如图 9-25 所示。

步骤02　弹出【字体】对话框，对图表中文字的字体、字号、字体颜色等字体格式进行设置，设置完成后单击【确定】按钮，如图 9-26 所示。

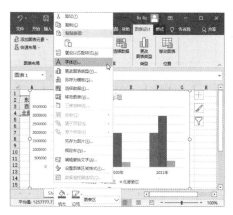

图 9-25　单击【字体】命令

图 9-26　设置字体格式

步骤03　返回 Excel 工作表，即可看到图表中文字的字体格式发生改变后的效果，如图 9-27 所示。

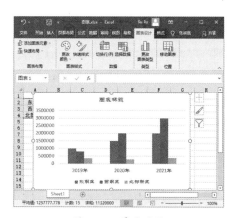

图 9-27　最终效果

9.2.3　设置图表背景

如果觉得图表默认的白色背景不够美观，用户可以进一步美化图表，将图表背景设置为合适的颜色，具体操作如下。

步骤01 右击图表，在弹出的快捷菜单中单击【设置图表区域格式】命令，如图 9-28 所示。

步骤02 窗口右侧弹出【设置图表区格式】窗格，用户可以在【图表选项】选项卡的【填充】栏中进行相应设置，如选择【渐变填充】单选钮，并设置渐变类型、方向等，设置完成后单击【关闭】按钮，如图 9-29 所示。

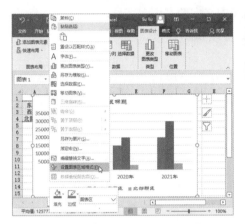

图 9-28　单击【设置图表区域格式】命令　　图 9-29　自定义图表背景

课堂范例——对"产品销售趋势图"进行美化

在工作表中插入图表后，用户可以通过更改图表布局、图表背景，让图表变得更加美观。以对"产品销售趋势图"进行美化为例，具体操作如下。

步骤01 打开"素材文件\第 9 章\产品销售趋势图.xlsx"，选择图表，切换到【图表工具/图表设计】选项卡，单击【图表布局】组中的【快速布局】下拉按钮，在弹出的下拉列表中选择需要的图表布局样式，如图 9-30 所示。

步骤02 右击图表，在弹出的快捷菜单中单击【设置图表区域格式】命令，如图 9-31 所示。

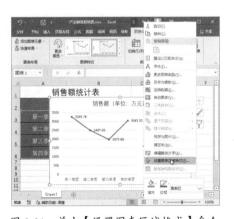

图 9-30　选择图表布局样式　　　　图 9-31　单击【设置图表区域格式】命令

步骤03 窗口右侧弹出【设置图表区格式】窗格，在【图表选项】选项卡中的【填充】栏中，选择【渐变填充】单选钮，单击【预设渐变】下拉按钮，在弹出的下拉列表中选择需要的渐变填充样式，如图 9-32 所示。

步骤04 设置渐变填充的相关参数，用户可以在左侧的图表中同步看到设置效果，如图 9-33 所示。

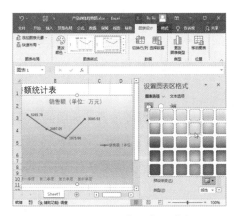

图 9-32 设置图表区渐变填充

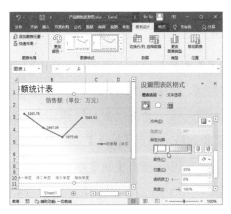

图 9-33 自定义填充选项

步骤05 在【设置图表区格式】窗格中，切换到【文本选项】选项卡，在【文本填充】栏中选择【纯色填充】单选钮，单击【颜色】下拉按钮，设置图表中文本的字体颜色，如图 9-34 所示。

步骤06 设置完成后，关闭【设置图表区格式】窗格，单击快速访问工具栏中的【保存】按钮，保存工作表，如图 9-35 所示。

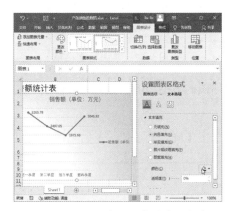

图 9-34 设置图表区文本的字体颜色

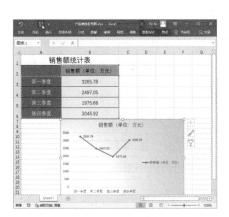

图 9-35 保存工作表

9.3 使用迷你图

迷你图是创建在工作表单元格中的微缩图表，在数据旁边放置迷你图，可以使数据表达更直观、更容易被理解。

9.3.1 创建迷你图

迷你图是创建在工作表单元格中的微型图表，可以直观地显示数据。以创建柱形迷你图为例，具体操作如下。

步骤01 打开"素材文件\第9章\图表.xlsx"，选择要放置迷你图的单元格，如 E2 单元格，单击【插入】选项卡【迷你图】组中的【折线】按钮，如图 9-36 所示。

步骤02 弹出【创建迷你图】对话框，单击【数据范围】文本框右侧的折叠按钮，如图 9-37 所示。

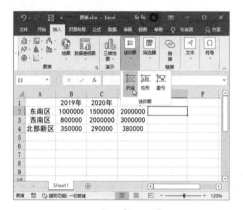

图 9-36 单击【折线】按钮

图 9-37 单击折叠按钮

步骤03 拖动鼠标，在工作表中选择迷你图的数据源，选择完成后再次单击折叠按钮，如图 9-38 所示。

步骤04 返回【创建迷你图】对话框，单击【确定】按钮，返回工作表，即可看到创建的迷你图的效果，如图 9-39 所示。

> **温馨提示**
> 创建迷你图时，其数据源只能是同一行或同一列中的相邻单元格，否则，Excel 会弹出提示"位置引用或数据区域无效"，无法成功创建迷你图。

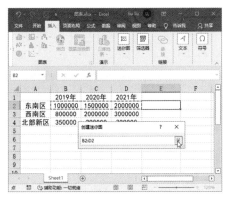

图 9-38 选择迷你图数据源

图 9-39 迷你图效果

9.3.2 更改迷你图类型

在工作表中创建迷你图后，如果对迷你图的类型不满意，可以更改迷你图类型，具体操作如下。

步骤01 选择要更改类型的迷你图，在【迷你图】选项卡的【类型】组中，选择其他迷你图类型，如图 9-40 所示。

步骤02 单击所选择的迷你图类型，即可完成更改，如图 9-41 所示。

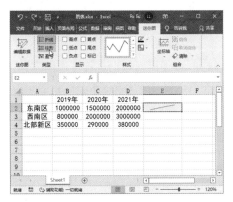

图 9-40 更改迷你图类型

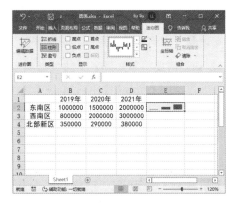

图 9-41 更改效果

9.3.3 突出显示数据点

在迷你图上标记数据点，可以让迷你图中的数据更醒目。

（1）标记数据点：标记数据点只能用于折线图类型的迷你图。选择需要标记数据点的迷你图所在的单元格，勾选【迷你图】选项卡【显示】组中的【标记】复选框，即可为迷你图标记数据点，如图 9-42 所示。

（2）突出显示高点和低点：选择需要设置突出显示高点和低点的迷你图所在的单元

格，在【迷你图】选项卡【显示】组中分别勾选【高点】复选框和【低点】复选框，即可为迷你图设置高点和低点突出显示，如图 9-43 所示。

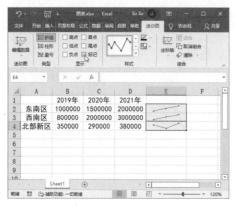

图 9-42 标记迷你图数据点

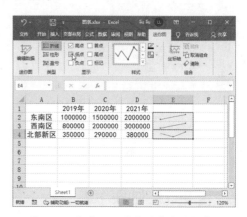

图 9-43 突出显示迷你图高点和低点

课堂问答

问题❶：如何突出显示柱形图中的某一柱形

答：如果需要突出显示柱形图中的某一柱形，可以单独设置该柱形的填充颜色。选择图表数据区，双击需要突出显示的柱形，单击【开始】选项卡【字体】组中的【填充】下拉按钮，在弹出的下拉列表中选择填充颜色，即可突出显示该柱形。

问题❷：如何更改条形图表排列顺序

答：如果需要将条形图表中的条形图按顺序排列，可使用对数据进行排序的方法完成。选择数据，单击【数据】选项卡中的【排序】按钮，在弹出的【排序】对话框中设置【主要关键字】，将【排序依据】设置为【数值】，将【次序】设置为【降序】，设置完成后单击【确定】按钮，即可完成图表排序。

上机实战——制作"销售业绩分析图"

通过对本章内容的学习，相信读者已掌握了在 Excel 2021 中对图表进行编辑和美化的方法，以及迷你图的使用方法。下面，我们以制作"销售业绩分析图"为例，讲解迷你图的插入和美化等综合技能应用。

效果展示

"销售业绩分析图"的数据素材"销售业绩分析表"如图 9-44 所示，添加"销售业绩分析图"后的效果如图 9-45 所示。

图 9-44　素材

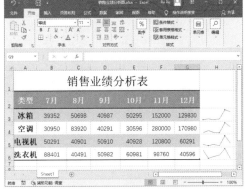

图 9-45　效果

思路分析

　　销售业绩分析表通常包含一大堆枯燥的数据，将数据转换为图表，可以更直观地看到数据的变化。本例中，先为数据制作折线图，再为最大的数据和最小的数据设置突出显示，得到最终效果。

制作步骤

步骤01　　打开"素材文件\第 9 章\销售业绩分析图 .xlsx"，切换到【插入】选项卡，单击【迷你图】组中的【折线】按钮，如图 9-46 所示。

步骤02　　弹出【创建迷你图】对话框，单击【数据范围】文本框右侧的折叠按钮，如图 9-47 所示。

图 9-46　单击【折线】按钮

图 9-47　单击折叠按钮

步骤03　　拖动鼠标，在工作表中选择迷你图的数据源，选择完成后，再次单击【创建迷你图】对话框中的折叠按钮，如图 9-48 所示。

步骤04　　在返回的对话框中，单击【确定】按钮，如图 9-49 所示。

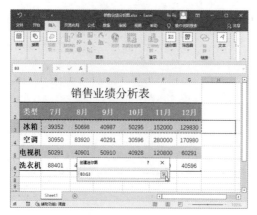

图 9-48　选择数据源　　　　　图 9-49　单击【确定】按钮

步骤05　在工作表中，可以看到已创建的迷你图，使用填充柄功能，将迷你图填充到该列其他单元格中，如图 9-50 所示。

步骤06　在【迷你图】选项卡的【显示】组中，勾选【高点】和【低点】复选框，按【Ctrl+S】组合键保存工作表，如图 9-51 所示。

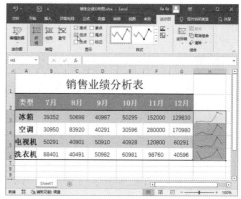

图 9-50　填充迷你图　　　　　图 9-51　标记高点和低点

同步训练——制作"库存成本分析图"

完成对上机实战案例的学习后，为了提高大家的动手能力，下面安排一个同步训练案例，以期达到举一反三、触类旁通的学习效果。

同步训练案例的流程图解如图 9-52 所示。

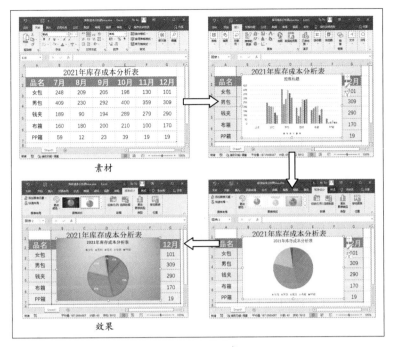

素材

效果

图 9-52　流程图解

思路分析

库存成本分析表在制造和销售等行业中必不可少，将库存数据用图表的方式展示，可以让受众一目了然地了解各项指标的占比情况。

本例中，首先，将所有数据用柱形图显示，然后，将数据源从所有数据更改为部分数据，并将图表更改为饼图，最后，设置图表样式，得到最终效果。

关键步骤

步骤01　打开"素材文件\第 9 章\库存成本分析图 .xlsx"，选择所有数据，切换到【插入】选项卡，单击【图表】组中的【柱形图】按钮，在弹出的下拉列表中选择需要的图表类型，如图 9-53 所示。

步骤02　将光标插入点定位在图表标题文本框中，删除原标题内容，输入需要的标题文字，如图 9-54 所示。

步骤03　在图表区中右击，在弹出的快捷菜单中单击【选择数据】命令，如图 9-55 所示。

步骤04　弹出【选择数据源】对话框，在【图例项】列表框中更改数据源，只保留勾选需要显示的系列名称前的复选框，调整完成后，单击【确定】按钮，如图 9-56 所示。

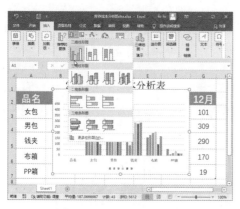

图 9-53　选择图表类型

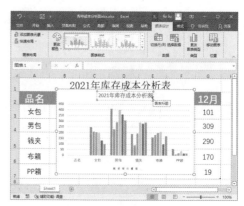

图 9-54　更改图表标题

图 9-55　单击【选择数据】命令

图 9-56　更改数据源

步骤05　返回图表，再次在图表区中右击，在弹出的快捷菜单中单击【更改图表类型】命令，如图 9-57 所示。

步骤06　弹出【更改图表类型】对话框，选择需要的图表类型，单击【确定】按钮，如图 9-58 所示。

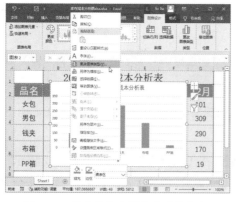

图 9-57　单击【更改图表类型】命令

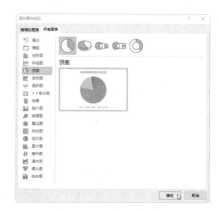

图 9-58　更改图表类型

步骤07　切换到【图表工具 / 图表设计】选项卡，单击【图表样式】组中的【快速样式】下拉列表框，选择需要的图表样式，如图 9-59 所示。

步骤08　再次在图表区中右击，在弹出的快捷菜单中单击【设置图表区域格式】命令，如图 9-60 所示。

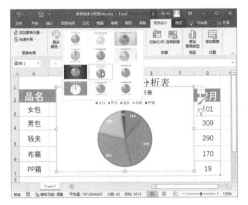

图 9-59　更改图表样式

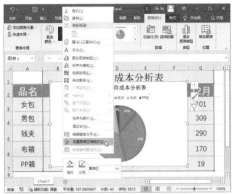

图 9-60　单击【设置图表区域格式】命令

步骤09　窗口右侧弹出【设置图表区格式】窗格，根据需要设置图表背景，如图 9-61 所示。

步骤10　设置完成后，关闭【设置图表区格式】窗格，即可看到最终效果，如图 9-62 所示。

图 9-61　设置图表背景

图 9-62　最终效果

知识能力测试

本章讲解了创建和编辑图表、美化图表及创建迷你图等相关操作，为对知识进行巩固和考核，布置相应的练习题。

一、填空题

1. Excel 图表由各图表元素构成，以簇状柱形图为例，常见的图表由_____、

_____、_____、_____、_____、_____等元素构成。

2．在 Excel 2021 中，一个图表最多包含 4 个坐标轴，分别是_____、_____、_____和_____。

3．_____是创建在工作表单元格中的微型图表，可以直观地展示数据。

二、选择题

1．在 Excel 2021 中，默认的图表背景色为（   ）。

A．白色 　　　　　　　B．蓝色 　　　　　　　C．橘色 　　　　　　　D．灰色

2．在 Excel 2021 中，默认的图表类型为（   ）。

A．折线图 　　　　　　　　　　　　　B．簇状柱形图

C．饼图 　　　　　　　　　　　　　　D．簇状条形图

3．如果需要直观地判断某个数据在总数据中的占比情况，通常使用（   ）图表类型。

A．柱形图 　　　　　B．条形图 　　　　　C．面积图 　　　　　D．饼图

三、简答题

1．Excel 2021 中有哪些图表类型？

2．在 Excel 2021 中添加图表后，若对所添加图表的图表类型不满意，如何更改？

Office
2021

第 10 章
PowerPoint 幻灯片的创建与编辑

PowerPoint 简称 PPT，主要用于制作和播放多媒体演示文稿。本章将讲解 PowerPoint 2021 中的一些基本操作，以及如何丰富幻灯片的内容等知识，帮助读者快速掌握演示文稿的制作方法。

学习目标

- 熟练掌握幻灯片的基本操作
- 熟练掌握设计幻灯片的基本操作
- 学会在幻灯片中输入文本内容
- 学会在幻灯片中插入对象

10.1 幻灯片的基本操作

PowerPoint 是用于制作和处理演示文稿的软件，使用 PowerPoint 2021 编辑演示文稿前，要掌握一些基础操作，如幻灯片的选择、添加、删除、移动和复制等。

10.1.1 选择幻灯片

打开 PowerPoint 演示文稿的方法与打开 Word 文档和 Excel 工作簿的方法类似，这里不再赘述。对演示文稿中的幻灯片进行相关操作前必须先将其选中，主要有选择单张幻灯片、选择多张幻灯片、选择全部幻灯片 3 种情况。

1．选择单张幻灯片

在 PowerPoint 2021 中，选择单张幻灯片可以使用下面两种方法实现。

（1）在视图窗格中单击某张幻灯片的缩略图，即可选择该幻灯片，幻灯片编辑区中将显示该幻灯片的内容。

（2）在视图窗格中单击某张幻灯片对应的标题或序列号，即可选择该幻灯片，幻灯片编辑区中将显示该幻灯片的内容。

2．选择多张幻灯片

在 PowerPoint 2021 中，选择多张幻灯片可以使用下面两种方法实现。

（1）选择多张连续的幻灯片：在视图窗格中选择第一张幻灯片后，按住【Shift】键不放，单击要选择的最后一张幻灯片，即可将所选择的第一张幻灯片和最后一张幻灯片之间的所有幻灯片选中。

（2）选择多张不连续的幻灯片：在视图窗格中选择第一张幻灯片后，按住【Ctrl】键不放，依次单击其他需要选择的幻灯片即可。

3．选择全部幻灯片

在 PowerPoint 2021 的视图窗格中按【Ctrl+A】组合键，即可选择当前演示文稿中的全部幻灯片。

> **温馨提示**
>
> PowerPoint 2021 中有普通、大纲、幻灯片浏览、备注页和阅读 5 种视图模式，其中，普通视图模式是 PowerPoint 2021 默认的视图模式，主要用于撰写和设计演示文稿。

10.1.2 添加和删除幻灯片

默认情况下，新建演示文稿中只有一张空白幻灯片，但一个演示文稿通常需要使用多张幻灯片来展示内容，此时，需要在演示文稿中添加新的幻灯片。除添加幻灯片外，若在演示文稿编辑过程中发现多余的幻灯片，可以将其删除。

1．添加幻灯片

添加幻灯片的方法很简单，在视图窗格中选择某张幻灯片后，单击【开始】选项卡【幻灯片】组中的【新建幻灯片】按钮，如图 10-1 所示，即可在该幻灯片后面添加一张同样版式的幻灯片。

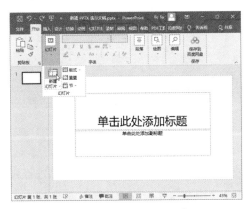

图 10-1　单击【新建幻灯片】按钮

此外，还可以使用以下几种方法添加幻灯片。

（1）在视图窗格中右击某张幻灯片，在弹出的快捷菜单中单击【新建幻灯片】命令，即可在当前幻灯片后面添加一张同样版式的幻灯片，如图 10-2 所示。

（2）在视图窗格中选择某张幻灯片后按下【Enter】键，即可快速在该幻灯片后面添加一张同样版式的幻灯片。

（3）在【幻灯片浏览】视图模式下选择某张幻灯片后，执行以上任意操作，也可以在当前幻灯片后面添加一张同样版式的幻灯片，如图 10-3 所示。

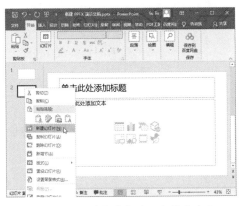

图 10-2　单击【新建幻灯片】命令

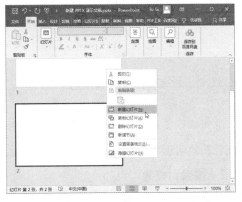

图 10-3　在【幻灯片浏览】视图模式下新建幻灯片

（4）如果希望新建幻灯片的版式与当前幻灯片的版式不同，可以在视图窗格中选择某张幻灯片，单击【开始】选项卡【幻灯片】组中的【新建幻灯片】下拉按钮，在弹出的下拉列表中选择需要的幻灯片版式，如图 10-4 所示。

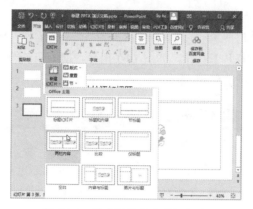

图 10-4　新建其他版式的幻灯片

2．删除幻灯片

在编辑演示文稿的过程中，对于多余的幻灯片，可以进行删除操作。右击需要删除的幻灯片，在弹出的快捷菜单中单击【删除幻灯片】命令即可，如图 10-5 所示。此外，选择需要删除的幻灯片后按下【Delete】键，也可以快速删除幻灯片。

图 10-5　删除幻灯片

10.1.3　移动和复制幻灯片

编辑演示文稿时，可以便捷地将某张幻灯片移动或复制到同一演示文稿中的其他位置或者其他演示文稿中，加快制作演示文稿的速度。

1．移动幻灯片

在 PowerPoint 2021 中，若需要对演示文稿中的某张幻灯片进行移动操作，可使用下面两种方法实现。

（1）选择要移动的幻灯片，按【Ctrl+X】组合键进行剪切后，将光标插入点定位在需要移动到的目标位置，按【Ctrl+V】组合键进行粘贴。

（2）选择要移动的幻灯片，按住鼠标左键的同时拖动鼠标，将幻灯片拖动到目标位置后释放鼠标左键，如图 10-6 所示。

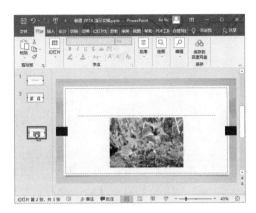

图 10-6　移动幻灯片

2．复制幻灯片

如果需要在演示文稿中的其他位置或其他演示文稿中插入一张已制作完成的幻灯片，可以通过复制幻灯片大大提高工作效率。在 PowerPoint 2021 中复制幻灯片的具体操作如下。

步骤01　选择需要复制的幻灯片，单击【开始】选项卡【剪贴板】组中的【复制】按钮，如图 10-7 所示。

步骤02　在视图窗格中，选择要复制到的目标位置，单击【剪贴板】组中的【粘贴】按钮，如图 10-8 所示。

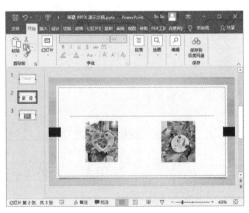
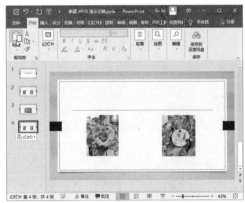

图 10-7　单击【复制】按钮　　　　图 10-8　单击【粘贴】按钮

10.2 在幻灯片中输入文本内容

在幻灯片中，文本内容通常只有提示、注释和装饰的作用，所以输入文本内容后，凡是无法起到该类作用的部分，都应予以删减。

10.2.1 使用文本框

新建 PPT 文档时，幻灯片中自动出现的文本框为默认文本框，主要包括标题文本框和内容文本框。

制作纯文本 PPT 时，使用默认文本框非常合适，有简单、方便的特点，若文本内容过多，默认文本框中的字号会自动调整。不过，默认文本框中的字体格式比较单一，缺乏个性。

想要制作精美的 PPT，建议用户根据实际需要，在编排幻灯片内容的过程中绘制任意大小和方向的文本框，并为文本内容设置合适的字体格式，具体操作如下。

步骤01 新建一个空白演示文稿，选择默认文本框，按下【Delete】键将其删除，如图 10-9 所示。

步骤02 单击【插入】选项卡【文本】组中的【文本框】下拉按钮，在弹出的下拉列表中单击【竖排文本框】命令，如图 10-10 所示。

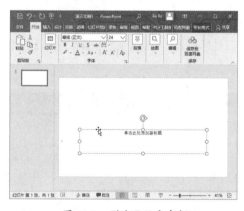
图 10-9 删除默认文本框

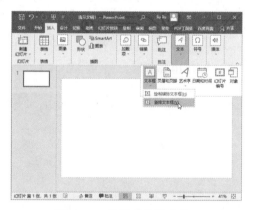
图 10-10 选择文本框类型

步骤03 将鼠标指针移动到需要绘制文本框的位置，按下鼠标左键，拖动鼠标进行绘制，绘制完成后，释放鼠标左键，如图 10-11 所示。

步骤04 光标插入点会自动定位在绘制的文本框中，输入文本内容，按照设置普通文本的方法，为文本内容设置合适的字体格式，如图 10-12 所示。

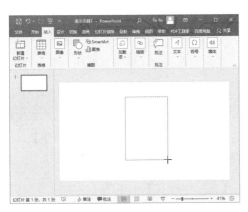

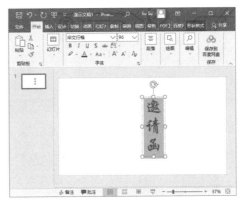

图 10-11　绘制文本框　　　　　　　图 10-12　设置字体格式

技能拓展

在 PowerPoint 2021 中为文本内容设置字号时，若【字号】下拉列表中没有合适的字号大小，可在【字号】列表框中直接输入需要的字号。

10.2.2　添加艺术字

在 PowerPoint 2021 中，用户可以为已有的文本内容设置艺术字样式，也可以直接创建艺术字。以在幻灯片中添加艺术字为例，具体操作如下。

步骤01　单击【插入】选项卡【文本】组中的【艺术字】下拉按钮，在弹出的下拉列表框中选择合适的艺术字样式，如图 10-13 所示。

步骤02　保持艺术字文本框中文本内容的选中状态，根据需要输入合适的文字，并调整文字大小，如图 10-14 所示。

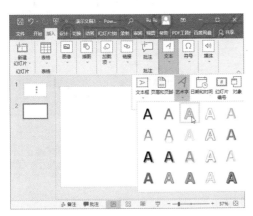

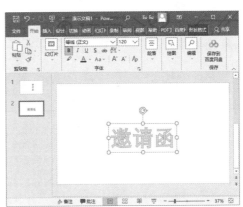

图 10-13　选择艺术字样式　　　　　　图 10-14　输入文字并调整文字大小

10.2.3 编辑艺术字

在演示文稿中，为了得到更好的视觉效果，用户可以为艺术字设置特殊效果，具体操作如下。

步骤01 选择已插入的艺术字，单击【绘图工具/形状格式】选项卡【艺术字样式】组中的【文本填充】下拉按钮，在弹出的下拉列表中选择填充颜色，如单击【渐变】命令，在弹出的级联列表中选择需要的渐变效果，如图 10-15 所示。

步骤02 保持艺术字为选中状态，单击【艺术字样式】组中的【文本轮廓】下拉按钮，在弹出的下拉列表中选择需要的文本轮廓颜色，如图 10-16 所示。

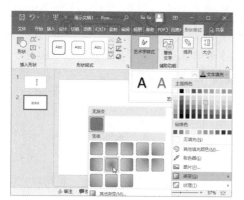

图 10-15　设置文本填充颜色

图 10-16　设置文本轮廓颜色

步骤03 保持艺术字为选中状态，再次单击【艺术字样式】组中的【文本轮廓】下拉按钮，在弹出的下拉列表中单击【粗细】命令，在弹出的级联列表中选择合适的轮廓线条，如图 10-17 所示。

步骤04 保持艺术字为选中状态，单击【艺术字样式】组中的【文本效果】下拉按钮，在弹出的下拉列表中单击【发光】命令，在弹出的级联列表中选择合适的文本效果，如图 10-18 所示。

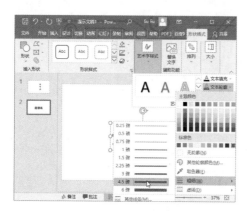

图 10-17　设置文本轮廓粗细

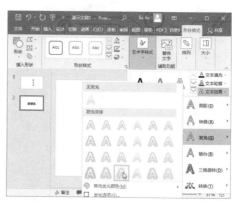

图 10-18　设置文本效果

课堂范例——编排"年终总结 PPT"内容

本节讲解了使用文本框和艺术字在 PPT 中输入文本内容的方法，以编排"年终总结 PPT"为例，具体操作如下。

步骤01　新建一个名为"年终总结 PPT"的演示文稿，在第一张幻灯片中输入标题名称，并删除多余的文本框，如图 10-19 所示。

步骤02　选择输入的标题，在【开始】选项卡的【字体】组中，根据需要设置标题字体格式，设置完成后的效果如图 10-20 所示。

图 10-19　输入标题名称

图 10-20　设置标题字体格式

步骤03　在视图窗格中的当前幻灯片下方右击，在弹出的快捷菜单中单击【新建幻灯片】命令，如图 10-21 所示。

步骤04　在新建的空白幻灯片中输入需要的文本内容，并删除多余的文本框，如图 10-22 所示。

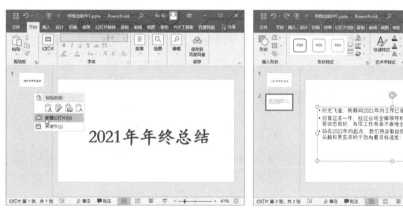

图 10-21　单击【新建幻灯片】命令

图 10-22　输入文本内容

步骤05　选择正文内容，在【开始】选项卡的【字体】组中设置正文内容的字体、字号、字体颜色等字体格式，设置完成后的效果如图 10-23 所示。

步骤06 切换到【插入】选项卡，单击【文本】组中的【艺术字】下拉按钮，在弹出的下拉列表中选择需要的艺术字样式，如图 10-24 所示。

图 10-23 设置正文内容的字体格式

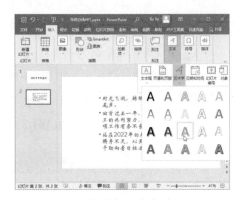

图 10-24 选择艺术字样式

步骤07 删除默认的占位符文本，输入需要的文本内容，在【字体】组中设置艺术字的字号，并调整艺术字文本框的显示位置，如图 10-25 所示。

步骤08 按照以上步骤，继续新建其他幻灯片，并在其中输入需要的文本内容、设置文本内容的字体格式，设置完成后，按【Ctrl+S】组合键保存演示文稿，如图 10-26 所示。

图 10-25 调整艺术字

图 10-26 制作其他幻灯片并保存演示文稿

10.3 设计幻灯片的基本操作

在幻灯片中，"母版""模板"和"主题"共同构成幻灯片的外观，它们是密不可分的。合理使用幻灯片母版、模板，设置幻灯片主题，不仅可以快速统一演示文稿的内容、格式及幻灯片配色，还可以便捷调整演示文稿的风格。

10.3.1 设置幻灯片主题

新建空白演示文稿的幻灯片背景默认为白色，但 PowerPoint 2021 内置多种好看的模板，用户可以直接使用，具体操作如下。

步骤01　新建演示文稿，单击【设计】选项卡【主题】组右下角的【其他】按钮，在弹出的列表框中选择一种主题样式，如图 10-27 所示。

步骤02　即可在幻灯片中看到应用主题样式后的效果，输入文本内容，如图 10-28 所示。

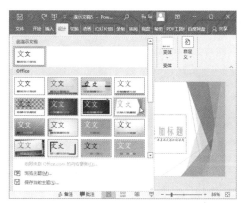 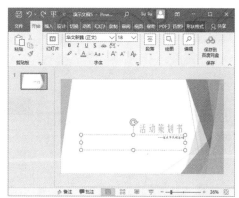

图 10-27　选择主题样式　　　　　　　　　图 10-28　输入文本内容

10.3.2　自定义主题颜色和字体格式

PowerPoint 2021 中的主题样式不是不可改变的，用户可以根据需要，自定义设置主题的背景颜色和字体格式，具体操作如下。

步骤01　切换到【设计】选项卡，单击【变体】下拉按钮，在弹出的下拉列表中选择需要的主题颜色，如图 10-29 所示。

步骤02　若没有合适的主题颜色，可以在下拉列表中单击【颜色】命令，在弹出的级联列表中选择需要的颜色，如图 10-30 所示。

 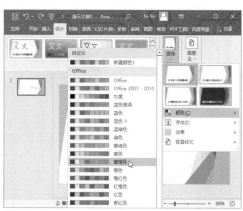

图 10-29　选择主题颜色（1）　　　　　　　图 10-30　选择主题颜色（2）

步骤03 再次单击【变体】下拉按钮，在弹出的下拉列表中单击【字体】命令，在弹出的级联列表中单击【自定义字体】命令，如图 10-31 所示。

步骤04 弹出【新建主题字体】对话框，分别为主题设置标题字体格式和正文字体格式，设置完成后单击【保存】按钮，如图 10-32 所示。返回演示文稿，即可看到自定义的背景颜色和字体格式。

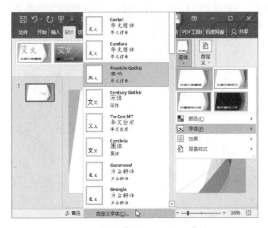

图 10-31　单击【自定义字体】命令　　　　图 10-32　自定义主题字体格式

10.3.3 设置幻灯片背景

制作的幻灯片美观与否，背景十分重要，以为幻灯片添加背景为例，具体操作如下。

步骤01 新建空白演示文稿，单击【视图】选项卡【母版视图】组中的【幻灯片母版】按钮，如图 10-33 所示。

步骤02 切换到【幻灯片母版】选项卡，在左侧窗格中选择第一张幻灯片，单击【背景】组中的【背景样式】下拉按钮，在弹出的下拉列表中选择新的母版颜色，即可快速为演示文稿中的所有幻灯片更换背景颜色，如图 10-34 所示。

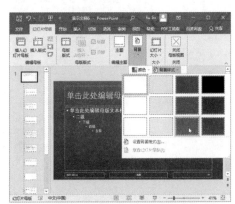

图 10-33　单击【幻灯片母版】按钮　　　　图 10-34　单击【背景样式】按钮

步骤03 若没有合适的颜色，可以单击【设置背景格式】命令，如图 10-35 所示。

步骤04 窗口右侧弹出【设置背景格式】窗格，选择需要的填充选项，如选择【渐变填充】单选钮，在下方对预设渐变、类型等相关参数进行设置，如图 10-36 所示。

图 10-35 单击【设置背景格式】命令

图 10-36 设置背景格式

步骤05 若只需要更改某一张幻灯片的背景，可以在左侧窗格中选择该幻灯片，在【设置背景格式】窗格中选择【图片或纹理填充】单选钮，单击【插入】按钮，如图 10-37 所示。

步骤06 弹出【插入图片】对话框，单击【来自文件】按钮，如图 10-38 所示。

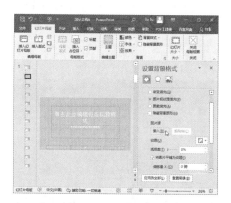

图 10-37 设置图片或纹理填充

图 10-38 单击【来自文件】按钮

步骤07 选择要设为幻灯片背景的图片文件，单击【插入】按钮，如图 10-39 所示。

图 10-39 插入背景图片

步骤08 返回演示文稿，即可看到为某张幻灯片设置背景图片后的效果，单击快速访问工具栏中的【保存】按钮，如图 10-40 所示。

步骤09 弹出【保存此文件】对话框，设置演示文稿的文件名和保存位置后，单击【保存】按钮，如图 10-41 所示。

图 10-40 查看背景效果 　　　　　　图 10-41 保存演示文稿

📖 课堂范例——应用内置主题美化"年终总结 PPT"

完成文本输入后，为了让演示文稿更加美观，可以通过设置幻灯片主题及背景等方法美化演示文稿。以应用内置主题美化"年终总结 PPT"为例，具体操作如下。

步骤01 打开"素材文件\第 10 章\年终总结 PPT1.pptx"，切换到【设计】选项卡，单击【主题】组中的【主题样式】下拉按钮，如图 10-42 所示。

步骤02 在弹出的下拉列表中选择需要的主题样式，如图 10-43 所示。

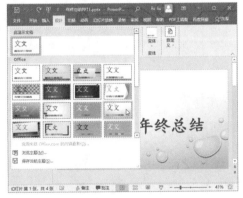

图 10-42 单击【主题样式】下拉按钮 　　　图 10-43 选择主题样式

步骤03 单击【变体】下拉按钮，选择需要的变体样式，如图 10-44 所示。

步骤04 切换到【幻灯片浏览】视图，即可看到所有幻灯片应用所选主题样式后的效果，如图 10-45 所示。

图 10-44　选择变体样式

图 10-45　应用主题样式后的效果

10.4 丰富幻灯片内容

通过对前面内容的学习，用户已经可以制作简单的文本型演示文稿了，为了使演示文稿更加美观，用户可以进一步丰富幻灯片内容，如在幻灯片中插入图片、形状、图表、音频文件等。

10.4.1　插入图片

演示文稿以展示为主，除了文本外，图片是必不可少的。在演示文稿中插入图片，具体操作如下。

步骤01　在演示文稿中，选择需要插入图片的幻灯片，单击【插入】选项卡【图像】组中的【图片】下拉按钮，在弹出的下拉列表中单击【此设备】命令，如图 10-46 所示。

步骤02　弹出【插入图片】对话框，选择要插入的图片文件，单击【插入】按钮，如图 10-47 所示。

图 10-46　单击【此设备】命令

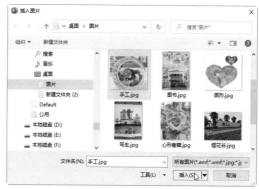

图 10-47　插入图片

步骤03 在幻灯片中，根据需要调整图片的大小和位置，如图 10-48 所示。

图 10-48 调整图片的大小和位置

10.4.2 插入形状

PowerPoint 2021 内置多种类型的绘图工具，使用这些绘图工具，可以在幻灯片中绘制应用于不同场合的形状，具体操作如下。

步骤01 选择要插入形状的幻灯片，单击【插入】选项卡【插图】组中的【形状】下拉按钮，在弹出的下拉列表中选择需要的形状，如图 10-49 所示。

步骤02 此时，鼠标指针呈"+"形状，按住鼠标左键，拖动鼠标，即可绘制形状，如图 10-50 所示。

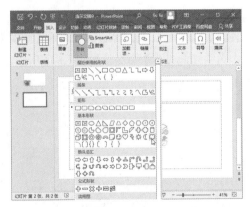

图 10-49 选择形状

图 10-50 绘制形状

步骤03 选择绘制的形状，切换到【绘图工具 / 形状格式】选项卡，单击【形状填充】下拉按钮，在弹出的下拉列表中选择需要填充的颜色，如图 10-51 所示。

步骤04 保持形状为选中状态，单击【形状轮廓】下拉按钮，在弹出的下拉列表中设置形状轮廓的颜色、粗细和线条样式，如图 10-52 所示。

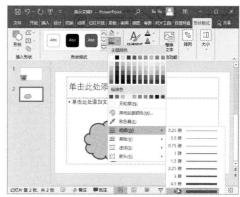

图 10-51　选择填充颜色　　　　　　　图 10-52　更改形状轮廓

步骤05　保持形状为选中状态，单击【形状效果】下拉按钮，在弹出的下拉列表中单击需要的命令，在弹出的级联列表中选择合适的形状效果，如图 10-53 所示。设置完成后，保存演示文稿。

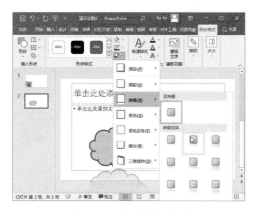

图 10-53　更改形状效果

10.4.3　插入图表

在 PowerPoint 中插入图表，可以更直观地对数据进行分析和比较，让演示文稿更具说服力。在幻灯片中插入图表的具体操作如下。

步骤01　选择要插入图表的幻灯片，单击【插入】选项卡【插图】组中的【图表】按钮，如图 10-54 所示。

步骤02　弹出【插入图表】对话框，在左侧列表中选择要插入的图表类型，在右侧窗格中选择图表样式，单击【确定】按钮，如图 10-55 所示。

图 10-54　单击【图表】按钮

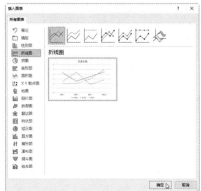
图 10-55　选择图表类型和图表样式

步骤03　在弹出的窗格中输入图表数据，如图 10-56 所示，输入完成后关闭 Excel 窗口。

步骤04　输入的数据会同步显示在演示文稿中，根据需要调整图表元素，调整完成后的效果如图 10-57 所示。

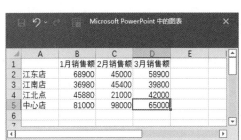
图 10-56　输入图表数据

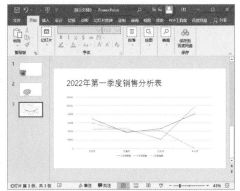
图 10-57　图表效果

> **温馨提示**
>
> 不同图表类型适合表现不同数据，选择图表时，需要考虑数据的特点，例如，条形图适合用于强调各个数据之间的差别情况，折线图适合用于展示某段时间内数据的变化及其变化趋势，圆环图适合用于展示部分与整体的关系等。

10.4.4　插入音频文件

如果想让演示文稿给受众带来听觉冲击，可以在幻灯片中插入音频文件，具体操作如下。

步骤01　打开演示文稿，选择要插入音频文件的幻灯片，单击【插入】选项卡【媒体】组中的【音频】下拉按钮，在弹出的下拉列表中单击【PC上的音频】命令，如图 10-58 所示。

步骤02 弹出【插入音频】对话框，选择需要插入的音频文件，单击【插入】按钮，如图 10-59 所示。

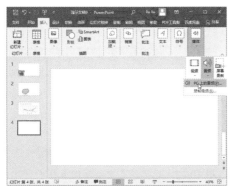

图 10-58 单击【PC 上的音频】命令

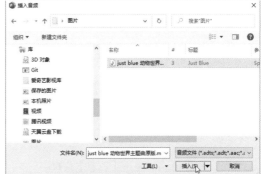

图 10-59 插入音频文件

步骤03 插入音频文件后，幻灯片中将出现声音图标，用户可根据需要调整其大小和位置，如图 10-60 所示。完成设置后，单击图标左侧的【播放】按钮，即可播放音频文件。

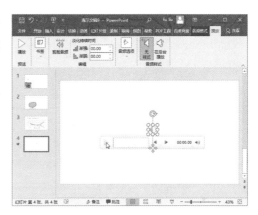

图 10-60 播放背景音乐

📚 课堂范例——丰富"年终总结 PPT"内容

长时间浏览纯文本演示文稿会让受众感觉疲劳，适当添加图片、形状、图表、音频文件等元素，可以丰富幻灯片内容。以在"年终总结 PPT"中插入图表为例，具体操作如下。

步骤01 打开"素材文件\第 10 章\年终总结 PPT2.pptx"，选择要插入图表的幻灯片，单击【图表】按钮，如图 10-61 所示。

步骤02 弹出【插入图表】对话框，在左侧列表中选择要插入的图表类型，在右侧窗格中选择图表样式，单击【确定】按钮，如图 10-62 所示。

步骤03 在弹出的窗格中输入图表数据，输入完成后关闭 Excel 窗口，如图 10-63 所示。

步骤04 选择插入的图表，切换到【图表工具/图表设计】选项卡，单击【图表布局】组中的【添加图表元素】下拉按钮，在弹出的下拉列表中单击【数据标签】命令，在弹出的级联列表中选择数据标签的显示位置，如图 10-64 所示。

图 10-61　单击【图表】按钮

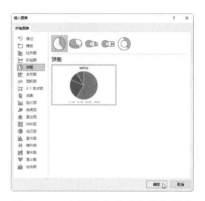

图 10-62　选择图表类型和图表样式

图 10-63　输入图表数据

图 10-64　添加图表数据标签

步骤05　选择要插入表格的幻灯片，单击幻灯片中的【表格】按钮，如图 10-65 所示。

步骤06　弹出【插入表格】对话框，设置表格的列数和行数后，单击【确定】按钮，如图 10-66 所示。

图 10-65　单击【表格】按钮

图 10-66　设置表格行列数

步骤07　在插入的表格中输入数据，如图 10-67 所示。

步骤08　选择表格，将鼠标指针移到表格四周的任意控制点上，按住鼠标左键，拖动鼠标，调整表格大小，如图 10-68 所示。

图 10-67　在表格中输入数据　　　　　　　　图 10-68　调整表格大小

步骤09　　选择表格，在【开始】选项卡【字体】组中设置表格数据的字体格式，如图 10-69 所示。

步骤10　　保持表格为选中状态，在【表格工具 / 布局】选项卡中设置表格数据的对齐方式，如图 10-70 所示。设置完成后，按【Ctrl+S】组合键，保存演示文稿。

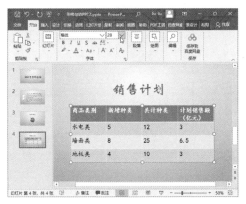

图 10-69　设置表格数据的字体格式　　　　　图 10-70　设置表格数据的对齐方式

课堂问答

问题❶：如何禁止文本大小的自动调整

答：在演示文稿中输入文本内容时，文本大小会根据占位符大小进行自动调整。

如果需要禁止文本大小的自动调整，解决方法：切换到【文件】选项卡，在左侧列表中单击【选项】命令，弹出【PowerPoint 选项】对话框，切换到【校对】选项卡，单击【自动更正选项】栏中的【自动更正选项】按钮，弹出【自动更正】对话框，切换到【键入时自动套用格式】选项卡，取消勾选【根据占位符自动调整标题文本】复选框，即可禁止标题文本大小的自动调整；取消勾选【根据占位符自动调整正文文本】复选框，即可禁止正文文本大小的自动调整，设置完成后，单击【确定】按钮。

问题❷：如何剪裁音频文件

答：在演示文稿中插入音频文件后，如果只需要保留音频文件中的部分内容，可以对音频文件进行剪裁。选择幻灯片中的声音模块，切换到【播放】选项卡，单击【编辑】组中的【剪裁音频】按钮，在弹出的【剪裁音频】对话框中，分别拖动进度条两端的绿色和红色滑块，可以设置音频文件的开始时间和结束时间，剪裁完成后，单击【确定】按钮。

上机实战——制作"相册 PPT"

通过对本章内容的学习，相信读者已掌握了在 PowerPoint 2021 中创建与编辑幻灯片的基本操作。下面，我们以制作"相册 PPT"为例，讲解幻灯片制作的综合技能应用。

效果展示

"相册 PPT"的制作效果如图 10-71 所示。

图 10-71　效果

思路分析

用 PowerPoint 2021 制作"相册 PPT"，可以一次性插入多张图片，通过设置主题样式，还可以对"相册 PPT"进行自动排版，比手动插入图片并设置格式方便、快捷。

本例中，首先使用新建相册功能选择需要的图片，然后设置相册版式，最后在幻灯片中调整相册标题的字体格式，得到最终效果。

制作步骤

步骤01　在 PowerPoint 2021 程序窗口中，切换到【插入】选项卡，单击【图像】

组中的【相册】下拉按钮，在弹出的下拉列表中单击【新建相册】命令，如图 10-72 所示。

步骤02　弹出【相册】对话框，单击【文件 / 磁盘】按钮，如图 10-73 所示。

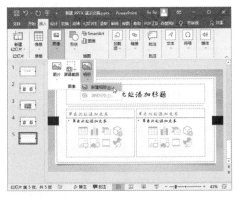

图 10-72　单击【新建相册】命令

图 10-73　单击【文件 / 磁盘】按钮

步骤03　弹出【插入新图片】对话框，选择要插入到"相册 PPT"中的多张图片，单击【插入】按钮，如图 10-74 所示。

步骤04　返回【相册】对话框，在【相册中的图片】列表框中，勾选某个图片文件前的复选框后，可以使用列表框下面的【上移】按钮或【下移】按钮调整图片在相册中的顺序，如图 10-75 所示。

图 10-74　选择相册图片

图 10-75　调整图片顺序

步骤05　单击【相册版式】栏中的【图片版式】下拉列表框，选择图片在幻灯片中的版式后，单击【浏览】按钮，如图 10-76 所示。

步骤06　弹出【选择主题】对话框，选择合适的主题模板后，单击【选择】按钮，如图 10-77 所示。

步骤07　返回【相册】对话框，单击【创建】按钮，如图 10-78 所示。

步骤08　返回演示文稿，设置首页幻灯片中标题文本的字体格式，如图 10-79 所示。

图 10-76　设置相册版式

图 10-77　选择相册主题

图 10-78　单击【创建】按钮

图 10-79　设置标题文本的字体格式

步骤09　若其他幻灯片不需要添加标题文本和修改图片大小，可直接单击快速访问工具栏中的【保存】按钮，如图 10-80 所示。

步骤10　弹出【保存此文件】对话框，设置演示文稿的文件名和保存位置，单击【保存】按钮，如图 10-81 所示。

图 10-80　单击【保存】按钮

图 10-81　保存演示文稿

同步训练——制作"产品宣传PPT"

完成对上机实战案例的学习后，为了提高大家的动手能力，下面安排一个同步训练案例，以期达到举一反三、触类旁通的学习效果。

图解流程

同步训练案例的流程图解如图 10-82 所示。

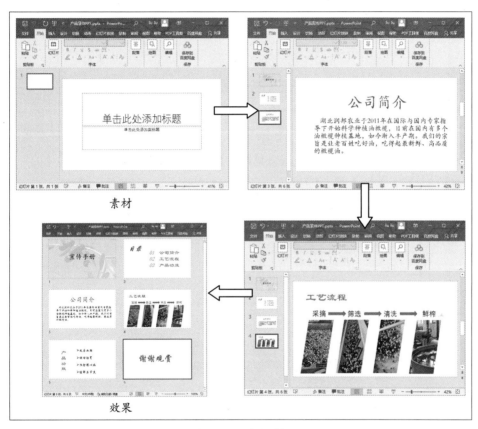

图 10-82　流程图解

思路分析

PowerPoint 2021 内置多种模板样式，用户可以自定义设置 PPT 的封面页、目录页、正文页和结束页，也可以根据具体需要在 PPT 中插入文本框、图片、形状等元素，丰富PPT 内容。本例制作的是"产品宣传 PPT"，首先，在封面页中插入文本框和图片，然后，制作目录页和正文页，并根据需要在正文页中插入文本框、形状和图片，最后，添加结束页并设置结束页文本内容的字体格式，得到最终效果。

关键步骤

步骤01　打开"素材文件\第 10 章\产品宣传 PPT.pptx"，输入封面页文本内容，并为封面页文本内容设置字体格式，如图 10-83 所示。

步骤02　选择标题文本，切换到【设计】选项卡，单击【自定义】组中的【设置背景格式】按钮，如图 10-84 所示。

图 10-83　输入封面页文本内容并为其设置字体格式　　图 10-84　单击【设置背景格式】按钮

步骤03　界面右侧弹出【设置背景格式】窗格，选择【填充】栏中的【图片或纹理填充】单选钮，单击【插入】按钮，如图 10-85 所示。

步骤04　弹出【插入图片】对话框，单击【来自文件】按钮，如图 10-86 所示。

图 10-85　【设置背景格式】窗格　　　　　图 10-86　【插入图片】对话框

步骤05　弹出【插入图片】对话框，选择要设为背景的图片，单击【插入】按钮，如图 10-87 所示。

步骤06　在【透明度】微调框中设置背景图片的透明度，幻灯片中将同步显示设置效果，如图 10-88 所示。

步骤07　右击左侧窗格的空白处，在弹出的快捷菜单中单击【新建幻灯片】命令，如图 10-89 所示。

步骤08　单击【开始】选项卡【幻灯片】组中的【版式】下拉按钮，在弹出的下拉列表中选择需要的版式，如图 10-90 所示。

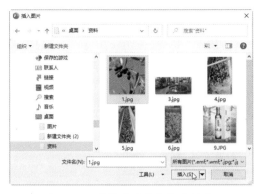

图 10-87　选择要设为背景的图片

图 10-88　设置背景图片的透明度

图 10-89　单击【新建幻灯片】命令

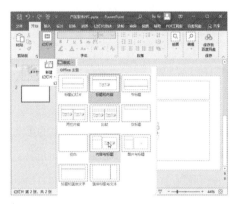

图 10-90　选择幻灯片版式

步骤09　在新建幻灯片中输入目录页内容，并设置目录页文本内容的字体格式，如图 10-91 所示。

步骤10　单击【幻灯片】组中的【新建幻灯片】下拉按钮，在弹出的下拉列表中选择需要的版式，如图 10-92 所示。

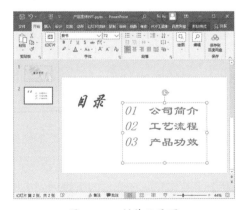

图 10-91　制作目录页

图 10-92　新建幻灯片

步骤11　在新建幻灯片中输入文本内容并为文本内容设置字体格式后，选择正文文本内容，单击【段落】组右下角的展开按钮，如图 10-93 所示。

步骤12　　弹出【段落】对话框，在【对齐方式】下拉列表框中选择【左对齐】选项，并设置【首行】缩进方式，设置完成后单击【确定】按钮，如图 10-94 所示。

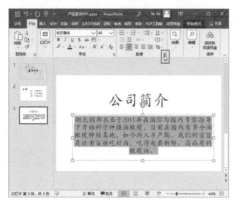

图 10-93　输入文本内容并设置字体格式　　　　图 10-94　设置对齐方式和缩进方式

步骤13　　新建幻灯片，输入标题文本并为其设置字体格式，设置完成后，切换到【插入】选项卡，单击【文本】组中的【文本框】下拉按钮，在弹出的下拉列表中单击【绘制横排文本框】命令，如图 10-95 所示。

步骤14　　鼠标指针变为黑色十字状，按住鼠标左键，拖动鼠标，绘制文本框，如图 10-96 所示。

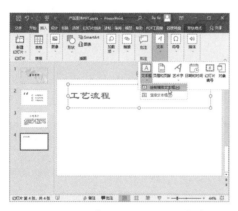

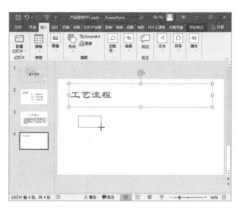

图 10-95　单击【绘制横排文本框】命令　　　　图 10-96　绘制文本框

步骤15　　在文本框中输入文本内容，为文本内容设置字体格式并调整文本框的大小和位置，如图 10-97 所示。

步骤16　　单击【插入】选项卡中的【形状】下拉按钮，在弹出的下拉列表中选择需要的形状样式，如图 10-98 所示。

图 10-97　输入文本内容

图 10-98　选择形状样式

步骤17　在幻灯片中绘制形状，并调整形状的大小和位置，如图 10-99 所示。

步骤18　选择形状，切换到【绘图工具 / 形状格式】选项卡，单击【形状样式】组中的【形状颜色】下拉按钮，在弹出的下拉列表中选择需要的形状颜色，如图 10-100 所示。

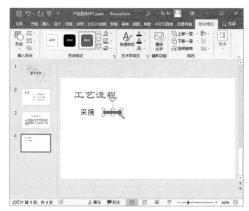

图 10-99　绘制形状并调整大小和位置

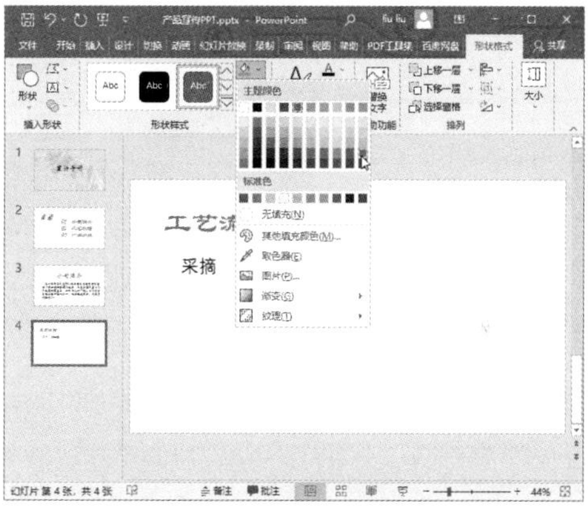

图 10-100　设置形状颜色

步骤19　复制并粘贴正文文本框和形状，修改文本内容，并调整正文文本框和形状的位置，调整完成后，按住【Ctrl】键，选择此幻灯片中除标题文本框外的所有文本框和形状，单击【绘图工具 / 形状格式】选项卡【排列】组中的【组合】下拉按钮，在弹出的下拉列表中单击【组合】命令，如图 10-101 所示。

步骤20　切换到【插入】选项卡，单击【图像】组中的【图片】下拉按钮，在弹出的下拉列表中单击【此设备】命令，如图 10-102 所示。

步骤21　弹出【插入图片】对话框，选择要插入的图片文件，单击【插入】按钮，如图 10-103 所示。

步骤22　选择插入的图片，切换到【图片工具 / 图片格式】选项卡，单击【裁剪】下拉按钮，在弹出的下拉列表中单击【裁剪为形状】命令，在弹出的级联列表中选择需要裁剪为的目标形状，如图 10-104 所示。

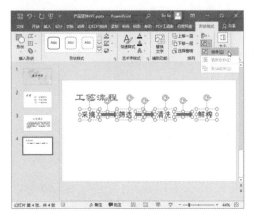

图 10-101　制作流程组合

图 10-102　单击【此设备】命令

图 10-103　【插入图片】对话框

图 10-104　选择裁剪形状

步骤23　在幻灯片中，可以看到将图片裁剪为形状后的效果，调整图片形状的大小和位置，如图 10-105 所示。

步骤24　按照以上步骤，继续添加其他图片形状，完成后的效果如图 10-106 所示。

图 10-105　调整图片形状的大小和位置

图 10-106　添加其他图片形状

步骤25　新建幻灯片，输入文本内容，设置文本内容的字体格式并调整文本框的显示位置后，切换到【插入】选项卡，单击【图像】组中的【图片】下拉按钮，在弹出的下拉列表中单击【此设备】命令，如图 10-107 所示。

步骤26　弹出【插入图片】对话框，选择要插入的图片文件，单击【插入】按钮，如图 10-108 所示。

图 10-107　单击【此设备】命令

图 10-108　插入图片文件

步骤27　调整图片的大小和显示位置，如图 10-109 所示。

步骤28　新建幻灯片，输入"谢谢观赏"文本内容并为其设置字体格式，作为结束页，设置完成后，单击快速访问工具栏中的【保存】按钮，保存演示文稿，如图 10-110 所示。

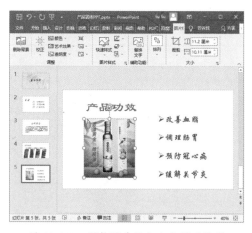

图 10-109　调整图片的大小和显示位置

图 10-110　保存演示文稿

知识能力测试

本章讲解了在 PowerPoint 2021 中创建与编辑幻灯片的方法，包括文本框、图片、形状等元素的使用方法，以及设计幻灯片的相关操作，为对知识进行巩固和考核，布置相应的练习题。

一、填空题

1．在 PowerPoint 2021 中，有＿＿＿＿、＿＿＿＿、＿＿＿＿、＿＿＿＿、＿＿＿＿5 种视图模式。

2．在 PowerPoint 2021 的视图窗格中选择某张幻灯片后，按下＿＿＿＿键，可以快速在该幻灯片后面添加一张同样版式的幻灯片。

3．在 PowerPoint 2021 的视图窗格中选择第一张幻灯片后按住＿＿＿＿键不放，单击最后一张幻灯片，即可将第一张幻灯片和最后一张幻灯片之间的所有幻灯片选中。

二、选择题

1．在 PowerPoint 2021 中，（　　）模式是默认的视图模式。

    A．普通视图　　　B．大纲视图　　　C．幻灯片浏览视图　　　D．阅读视图

2．在 PowerPoint 2021 提供的几种视图模式中，使用（　　）模式，可以以缩略图的形式浏览演示文稿中已创建的多张幻灯片。

    A．普通视图　　　B．大纲视图　　　C．幻灯片浏览视图　　　　D．阅读视图

3．在阅读视图模式下，PowerPoint 的程序界面以窗口全屏的方式显示幻灯片内容，即使未浏览完 PPT，按下（　　）键，也可以退出阅读视图模式。

    A．【Enter】　　B．【Esc】　　C．空格键　　　　　　D．鼠标左键

三、简答题

1．为了美化幻灯片，可以在幻灯片中插入哪些对象？

2．如何在幻灯片中插入音频文件？

Office
2021

第 11 章
PowerPoint 幻灯片的
动画和交互设置

为了提高演示文稿的吸引力和趣味性，可以为幻灯片设置动画效果和交互效果，让幻灯片中的各个对象支持动态演示。本章将详细介绍切换幻灯片、设置幻灯片动画效果和交互效果的相关操作。

学习目标

- 学会设置幻灯片切换方式
- 熟练掌握动画效果的设置方法
- 学会在幻灯片中插入超链接
- 熟练掌握交互效果的设置方法

11.1 设置幻灯片切换效果及切换方式

幻灯片的切换效果，指在放映演示文稿时，一张幻灯片从计算机屏幕上消失，另一张幻灯片随之显示在屏幕上这一过程中的交替效果。幻灯片的切换方式，则指放映演示文稿时，从一张幻灯片切换到下一张幻灯片时的变化方式。

11.1.1 设置幻灯片切换效果

放映演示文稿时，由一张幻灯片替换为下一张幻灯片时的动画效果被称为幻灯片的切换效果，设置幻灯片的切换效果，具体操作如下。

步骤01 打开演示文稿，选择要设置切换效果的幻灯片，单击【切换】选项卡中的【切换效果】下拉按钮，在弹出的下拉列表中选择需要的切换效果，如图 11-1 所示。

步骤02 单击【切换】选项卡【预览】组中的【预览】按钮，即可查看所设置的幻灯片切换效果，如图 11-2 所示。

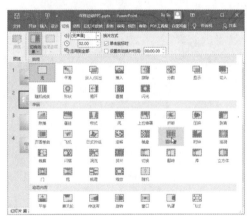
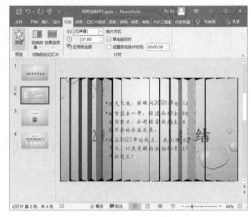

图 11-1　设置切换效果　　　　图 11-2　查看幻灯片切换效果

11.1.2 设置幻灯片切换方式

所谓幻灯片切换方式，指在放映演示文稿时，从一张幻灯片切换到下一张幻灯片时的变化方式，可以设置单击鼠标时切换，也可以设置幻灯片的自动换片时间。

设置幻灯片切换方式的操作很简单：选择需要设置切换方式的幻灯片，切换到【切换】选项卡，在【计时】组中，若勾选【单击鼠标时】复选框，可在放映时手动单击幻灯片完成幻灯片切换；若勾选【设置自动换片时间】复选框，可在右侧的数值框中输入具体时间，放映时经过指定秒数后，将自动切换到下一张幻灯片，如图 11-3 所示。

图 11-3　设置幻灯片自动切换时间

11.1.3　删除幻灯片切换效果

为幻灯片添加切换效果后，如果觉得没有必要，可以将切换效果删除，具体操作：选择设置了切换效果的幻灯片，切换到【切换】选项卡，单击【切换到此幻灯片】组中的【无】按钮后，单击【计时】组中的【应用到全部】按钮，如图 11-4 所示。

图 11-4　删除幻灯片切换效果

📖 课堂范例——为"相册 PPT"设置切换效果

为幻灯片设置切换效果后，可以使幻灯片从前一张过渡到后一张时更加生动，以为"相册 PPT"设置幻灯片切换效果为例，具体操作如下。

步骤01　打开"素材文件\第 11 章\相册 PPT.pptx"，选择第 2 张幻灯片，单击【切换】选项卡中的【切换效果】下拉按钮，选择需要的切换效果，如图 11-5 所示。

步骤02　选择第 3 张幻灯片，按住【Shift】键不放，单击最后一张幻灯片，即可选择第 3 张幻灯片到最后一张幻灯片之间的所有幻灯片，如图 11-6 所示。

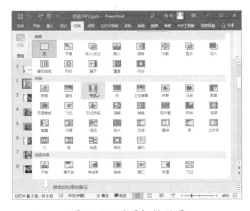

图 11-5　设置切换效果

图 11-6　选择多张幻灯片

步骤03 单击【切换】选项卡中的【切换效果】下拉按钮，选择需要的切换效果，如图 11-7 所示。

步骤04 单击【预览】按钮，即可查看设置的切换效果，如图 11-8 所示。

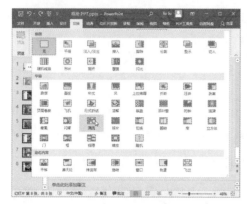

图 11-7 设置切换效果　　　　　　图 11-8 预览切换效果

　设置幻灯片动画效果

想要制作精美的演示文稿，除了要有丰富的内容，还要有合理的排版设计、鲜明的色彩搭配及得体的动画效果。

11.2.1 添加动画效果

所谓动画效果，指在放映演示文稿时，使用一种或多种动画方式，让对象出现、强调及消失。在 PowerPoint 2021 中添加动画效果，具体操作如下。

步骤01 在演示文稿中需要设置动画效果的幻灯片中，单击需要设置动画效果的对象，切换到【动画】选项卡，单击【动画】组中的【动画样式】下拉按钮，在弹出的下拉列表中选择合适的动画样式，如图 11-9 所示。

步骤02 此时，【动画】组中的【效果选项】下拉按钮变为可选状态，单击该按钮，在弹出的下拉列表中单击需要的效果命令，如图 11-10 所示。

步骤03 若需要精确设置效果，可以单击【动画】组右下角的展开按钮，在弹出的效果设置对话框中，根据需要对【效果】选项卡和【计时】选项卡中的选项进行设置，设置完成后，单击【确定】按钮，如图 11-11 所示。

步骤04 返回演示文稿，单击【预览】按钮，即可预览所设置的动画效果，如图 11-12 所示。

图 11-9　选择动画样式

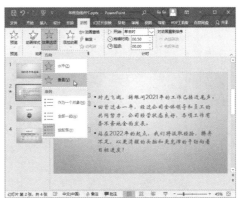

图 11-10　单击需要的效果命令

图 11-11　精确设置效果选项

图 11-12　预览动画效果

11.2.2　让对象沿轨迹运动

为了让指定对象沿轨迹运动，可以为对象添加动作路径动画，PowerPoint 2021 内置几十种动作路径，用户可以直接使用这些动作路径，具体操作如下。

步骤01　选择需要设置动画效果的对象，切换到【动画】选项卡，单击【动画】组中的【动画样式】下拉按钮，在弹出的下拉列表中选择任意动画样式，若下拉列表中没有满意的动作路径，可以单击【其他动作路径】命令，如图 11-13 所示。

步骤02　弹出【更改动作路径】对话框，选择需要的动作路径，单击【确定】按钮，如图 11-14 所示。

步骤03　即可在幻灯片中看到设置的动作路径，根据需要调整路径轨迹，如图 11-15 所示。

步骤04　设置完成后，单击【动画】选项卡【预览】栏中的【预览】按钮，即可预览动作路径动画效果，如图 11-16 所示。

图 11-13　单击【其他动作路径】命令

图 11-14　设置路径效果

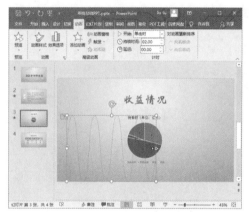

图 11-15　调整路径轨迹

图 11-16　预览动作路径动画效果

📖 课堂范例——为"产品宣传 PPT"添加动画效果

添加动画效果，可以使幻灯片中的对象在入场或出场时更加自然、流畅，以为"产品宣传 PPT"添加动画效果为例，具体操作如下。

步骤01　打开"素材文件 \ 第 11 章 \ 产品宣传 PPT.pptx"，选择要设置动画效果的某个对象，切换到【动画】选项卡，单击【动画样式】下拉按钮，在弹出的下拉列表中选择需要的动画效果，如图 11-17 所示。

步骤02　保持对象为选中状态，单击【效果选项】下拉按钮，在弹出的下拉列表中选择效果的方向，如图 11-18 所示。

步骤03　保持对象为选中状态，单击【动画】组右下角的展开按钮，如图 11-19 所示。

步骤04　弹出动画效果对话框，切换到【计时】选项卡，设置效果的【期间】时间，设置完成后单击【确定】按钮，如图 11-20 所示。

图 11-17 选择动画效果

图 11-18 设置效果方向

图 11-19 单击展开按钮

图 11-20 设置效果的【期间】时间

步骤05 返回幻灯片编辑窗口，单击【预览】按钮，即可预览设置的动画效果，如图 11-21 所示。

步骤06 按照以上步骤，继续为该幻灯片中的其他对象设置动画效果，如图 11-22 所示。

图 11-21 预览动画效果

图 11-22 设置动画效果

步骤07 设置完成后，即可看到幻灯片中对象的前面显示了序号，表示动画效果的播放顺序，如图 11-23 所示。

步骤08 按照以上步骤，继续为其他幻灯片中的对象设置动画效果，设置完成后单击快速访问工具栏中的【保存】按钮，保存演示文稿，如图 11-24 所示。

图 11-23　查看动画效果播放顺序　　　　图 11-24　保存演示文稿

11.3 设置幻灯片交互效果

放映演示文稿前，可以在演示文稿中插入超链接、动作按钮等，实现放映时便捷地从某张幻灯片中的某一位置跳转到其他位置的交互效果。

11.3.1 设置超链接

在演示文稿中对文本或图片、表格等对象设置超链接后，单击该对象时，可直接跳转到其他位置。在 PowerPoint 2021 中设置超链接的具体操作如下。

步骤01 选择要设置超链接的对象，如本例选择文本对象，单击【插入】选项卡【链接】组中的【链接】按钮，如图 11-25 所示。

步骤02 弹出【插入超链接】对话框，在【链接到】栏中选择链接位置，在【请选择文档中的位置】列表框中选择链接的目标位置，单击【确定】按钮，如图 11-26 所示。

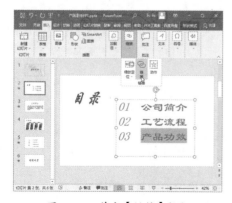

图 11-25　单击【链接】按钮　　　　　图 11-26　设置超链接对象

步骤03　　返回幻灯片编辑窗口，即可看到所选文本内容的下方出现了下划线，且文本颜色发生了变化，单击状态栏中的【幻灯片放映】按钮，进入幻灯片放映模式，如图 11-27 所示。

步骤04　　将鼠标指针移到设置了超链接的文本内容上时，鼠标指针会变为"👆"形状，此时单击该文本内容，即可跳转至目标位置，如图 11-28 所示。

图 11-27　单击【幻灯片放映】按钮

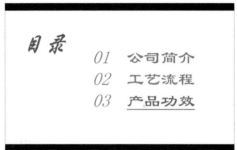

图 11-28　单击超链接

11.3.2　插入动作按钮

为了便于用户在放映演示文稿的过程中快捷地从一张幻灯片跳转到不相邻的其他幻灯片，或者激活音频文件、视频文件等，除自选形状外，PowerPoint 2021 还内置了一组动作按钮，供用户添加。插入动作按钮，具体操作如下。

步骤01　　选择演示文稿中要插入动作按钮的幻灯片，单击【插入】选项卡【插图】组中的【形状】下拉按钮，在弹出的下拉列表中选择需要的动作按钮，如图 11-29 所示。

步骤02　　此时，鼠标指针将呈"+"形状，在要插入动作按钮的位置按住鼠标左键不放，拖动鼠标，绘制动作按钮，如图 11-30 所示。绘制完成后，释放鼠标左键。

图 11-29　选择动作按钮

图 11-30　绘制动作按钮

步骤03 释放鼠标左键后，将弹出【操作设置】对话框，切换到【单击鼠标】选项卡，根据需要设置动作按钮的相关参数，设置完成后单击【确定】按钮，如图11-31所示。

步骤04 切换到演示文稿放映状态，放映该幻灯片时，单击设置的动作按钮，即可按照步骤03中的设置进行幻灯片跳转，如图11-32所示。

图 11-31 设置动作按钮参数

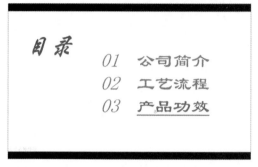

图 11-32 查看效果

11.3.3 设置触发点

所谓交互效果，指幻灯片中的动画不是按照事先排好的顺序播放，而是根据放映时的需要，通过触发对象激发相应动画。在 PowerPoint 2021 中，使用触发器功能，可以制作带有交互效果的幻灯片动画，具体操作如下。

步骤01 选择文本，单击【动画】选项卡【动画】组中的【动画样式】下拉按钮，在弹出的下拉列表中选择需要的动画样式，本例选择【脉冲】强调样式，如图11-33所示。

步骤02 返回幻灯片编辑窗口，单击【动画】选项卡右下角的展开按钮，如图11-34所示。

图 11-33 选择动画样式

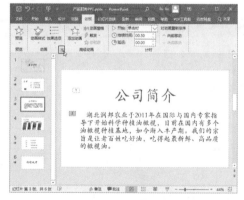

图 11-34 单击展开按钮

步骤03 弹出【脉冲】对话框，切换到【计时】选项卡，根据需要设置动画效果的播放时间后，单击【触发器】按钮，如图 11-35 所示。

步骤04 在【脉冲】对话框下方展开的选项组中，选择【单击下列对象时启动动画效果】单选钮，在右侧的下拉列表框中选择触发对象，设置完成后单击【确定】按钮，如图 11-36 所示。

图 11-35 单击【触发器】按钮

图 11-36 选择触发对象

课堂范例——为"年终总结 PPT"设置表格超链接

设置超链接，可以实现放映时便捷地从某张幻灯片中的某一位置跳转到其他位置的交互效果，以为"年终总结 PPT"设置表格超链接为例，具体操作如下。

步骤01 打开"素材文件 \ 第 11 章 \ 年终总结 PPT.pptx"，选择要设置超链接的对象，本例选择图表，选择后切换到【插入】选项卡，单击【链接】组中的【链接】按钮，如图 11-37 所示。

步骤02 弹出【插入超链接】对话框，选择要链接的目标文件，本例选择"收益情况 .xlsx"工作簿，单击【确定】按钮，如图 11-38 所示。

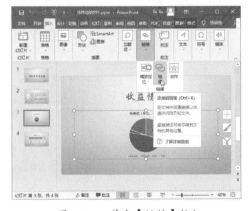

图 11-37 单击【链接】按钮

图 11-38 设置链接对象

步骤03 切换到演示文稿放映状态，放映该幻灯片时，将鼠标指针移到图表上，待鼠标指针变为"🖑"形状后，单击图表（超链接），如图 11-39 所示。

步骤04 打开链接对象，界面跳转至 Excel 窗口，显示"收益情况 .xlsx"工作簿内容，如图 11-40 所示。

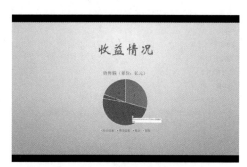

图 11-39 单击图表（超链接）

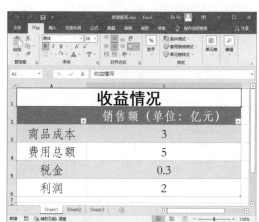

图 11-40 打开链接对象

课堂问答

问题❶：如何删除设置的超链接

答：右击设置了超链接的对象，在弹出的快捷菜单中单击【删除链接】命令，即可删除超链接。

问题❷：如何设置电影字幕式效果

答：电影字幕式效果，即如电影字幕般"由上往下"或"由下往上"的文本滚动效果，设置方法：选择要设置电影字幕式效果的文本内容，切换到【动画】选项卡，单击【动画】组中的【其他】按钮，在弹出的下拉列表中单击【更多进入效果】命令，弹出【更改进入效果】对话框，在【华丽型】栏中选择【字幕式】选项，单击【确定】按钮，确认设置即可。

上机实战——制作"活动策划书 PPT"

通过对本章内容的学习，相信读者已掌握了在 PowerPoint 2021 中设置幻灯片的切换效果、动画效果和交互效果的操作。下面以制作"活动策划书 PPT"为例，讲解设置幻灯片切换效果、动画效果和交互效果的综合技能应用。

"活动策划书 PPT"素材如图 11-41 所示，效果如图 11-42 所示。

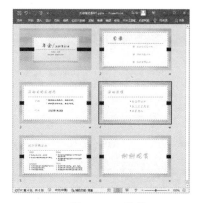

图 11-41　素材　　　　　　　　　　图 11-42　效果

思路分析

单击鼠标进入下一张幻灯片，制作时很省事，但放映时十分单调、乏味，为幻灯片设置不同的切换效果、动画效果和互动效果，可以起到锦上添花的作用。

本例中，首先，为幻灯片设置切换效果，然后，为幻灯片设置动画效果，最后，为幻灯片中的文本内容设置超链接，得到最终效果。

制作步骤

步骤01　　打开"素材文件 \ 第 11 章 \ 活动策划书 PPT.pptx"，选择第 2 张幻灯片，切换到【切换】选项卡，单击【切换效果】下拉按钮，在弹出的下拉列表中选择需要的切换效果，如图 11-43 所示。

步骤02　　选择幻灯片中的对象，切换到【动画】选项卡，单击【动画样式】下拉按钮，在弹出的下拉列表中选择需要的动画样式，如图 11-44 所示。

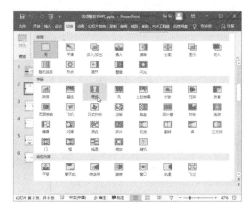

图 11-43　设置切换效果　　　　　　图 11-44　设置动画样式

步骤03 单击【动画】选项卡【动画】组右下角的展开按钮，如图 11-45 所示。

步骤04 在弹出的效果设置对话框中，单击【效果】选项卡中的【声音】下拉列表框，选择动画效果的声音，设置完成后，单击【计时】选项卡，如图 11-46 所示。

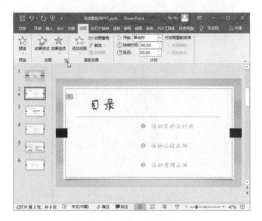

图 11-45 单击展开按钮   图 11-46 设置动画效果的声音

步骤05 在【计时】选项卡中，设置动画效果的【期间】时间，设置完成后，单击【确定】按钮，如图 11-47 所示。

步骤06 单击【预览】按钮，浏览添加的动画效果，如图 11-48 所示。

图 11-47 设置动画效果的【期间】时间   图 11-48 单击【预览】按钮

步骤07 按照以上步骤，继续设置其他幻灯片的切换效果和动画效果，设置完成后，选择要设置超链接的文本内容，切换到【插入】选项卡，单击【链接】组中的【链接】按钮，如图 11-49 所示。

步骤08 弹出【插入超链接】对话框，选择"节目清单 .docx"文档，单击【确定】按钮，如图 11-50 所示。

步骤09 返回幻灯片编辑，单击状态栏中的【幻灯片浏览】按钮，如图 11-51 所示。

步骤10 在打开的幻灯片浏览视图中，单击设置了超链接的文本内容，如图 11-52 所示。

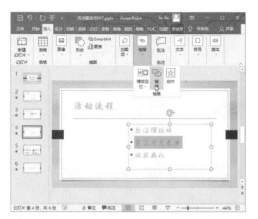

图 11-49　单击【链接】按钮

图 11-50　选择链接对象

图 11-51　单击【幻灯片浏览】按钮

图 11-52　单击超链接

步骤11　界面跳转至 Word 窗口，显示"节目清单 .docx"文档内容，如图 11-53 所示。

步骤12　单击快速访问工具栏中的【保存】按钮，保存演示文稿，如图 11-54 所示。

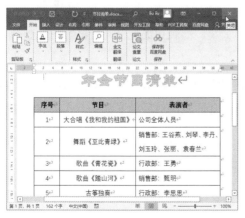

图 11-53　打开链接对象

图 11-54　单击【保存】按钮

同步训练——制作"公司宣传册PPT"

完成对上机实战案例的学习后，为了提高大家的动手能力，下面安排一个同步训练案例，以期达到举一反三、触类旁通的学习效果。

图解流程

同步训练案例的流程图解如图11-55所示。

图 11-55 流程图解

思路分析

公司宣传册通常包含公司简介、产品展示、联系方式等内容，仅靠文字和图片，难以引起读者的兴趣，可以通过添加幻灯片切换效果、动画效果、交互效果等，达到画龙点睛的目的。

本例中，首先为标题页和公司简介页设置切换效果与动画效果，然后为产品展示页设置切换效果与动画效果，并为产品图片设置图片样式，最后设置联系方式页的切换效果与动画效果，得到最终效果。

关键步骤

步骤01 打开"素材文件\第11章\公司宣传册PPT.pptx"，选择第1张幻灯片，切换到【切换】选项卡，单击【切换效果】下拉按钮，在弹出的下拉列表中选择需要的切换效果，如图11-56所示。

步骤02 在【切换】选项卡【计时】组中设置切换效果的声音和持续时间，如图 11-57 所示。

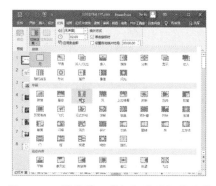

图 11-56 设置第 1 张幻灯片的切换效果

图 11-57 设置切换效果的声音和持续时间

步骤03 选择第 2 张幻灯片，单击【切换】选项卡中的【切换效果】下拉按钮，在弹出的下拉列表中选择需要的切换效果，如图 11-58 所示。

步骤04 选择要设置动画效果的文本框，切换到【动画】选项卡，单击【动画样式】下拉按钮，在弹出的下拉列表中选择需要的动画样式，如图 11-59 所示。

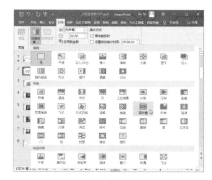

图 11-58 设置第 2 张幻灯片的切换效果

图 11-59 选择动画样式

步骤05 单击【动画】组右下角的展开按钮，如图 11-60 所示。

步骤06 在弹出的效果设置对话框中设置动画效果的持续时间，设置完成后，单击【确定】按钮，如图 11-61 所示。

图 11-60 单击展开按钮

图 11-61 设置动画效果的持续时间

步骤07 在左侧窗格中，选择第 3 张到第 7 张产品页幻灯片，切换到【切换】选项卡，单击【切换效果】下拉按钮，在弹出的下拉列表中选择需要的切换效果，如图 11-62 所示。

步骤08 保持多张产品页幻灯片为选中状态，在【切换】选项卡【计时】组中设置切换效果的声音和持续时间，如图 11-63 所示。

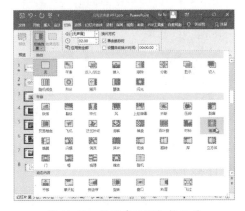 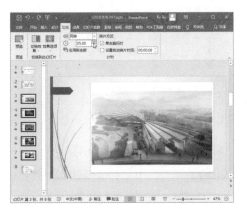

图 11-62　设置产品页切换效果　　　　图 11-63　设置切换效果的声音和持续时间

步骤09 在第 3 张幻灯片中选择图片，单击【图片工具/图片格式】选项卡中的【快速样式】下拉按钮，为所选图片设置图片样式，如图 11-64 所示。

步骤10 按照步骤 09 中的操作，继续为其他产品页中的图片设置图片样式，如图 11-65 所示。

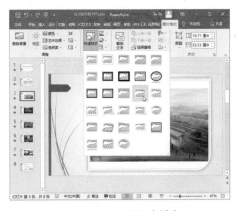 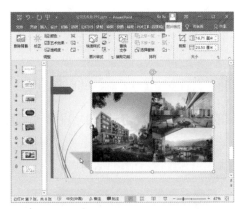

图 11-64　设置图片样式　　　　图 11-65　为其他产品页中的图片设置图片样式

步骤11 选择联系方式页幻灯片，在【切换】选项卡中设置幻灯片切换效果，如图 11-66 所示。

步骤12 在【切换】选项卡【计时】组中设置切换效果的声音和持续时间，如图 11-67 所示。

步骤13 选择联系方式页幻灯片中的文本框，切换到【动画】选项卡，根据需要设置动画样式，如图 11-68 所示。

步骤14　设置完成后，单击快速访问工具栏中的【保存】按钮，保存演示文稿，如图 11-69 所示。

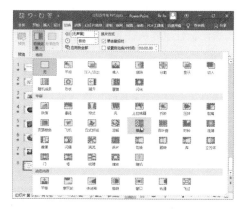

图 11-66　设置联系方式页切换效果

图 11-67　设置切换效果的声音和持续时间

图 11-68　设置联系方式页中文本框的动画样式

图 11-69　保存演示文稿

知识能力测试

本章讲解了在 PowerPoint 2021 中设置幻灯片切换效果、动画效果和交互效果的方法，为对知识进行巩固和考核，布置相应的练习题。

一、填空题

1. PowerPoint 2021 内置多种类型的幻灯片切换效果，如_____型、_____型和_____型。

2. 在 PowerPoint 2021 中，可以设置_____、_____、_____和_____4 种类型的动画效果。

3. 当一张幻灯片中包含多个对象时，可以使用_____功能，实现多个对象陆续出现的效果。

二、选择题

1．在 PowerPoint 2021 的（　　　）模式下，可浏览设置的幻灯片切换效果和动画效果。

　　A．普通视图　　　　　　　　　　　　B．幻灯片浏览视图

　　C．阅读视图　　　　　　　　　　　　D．幻灯片放映视图

2．幻灯片的（　　　）指在放映演示文稿时，一张幻灯片从计算机屏幕上消失，另一张幻灯片随之显示在屏幕上这一过程中的交替效果。

　　A．切换方式　　　　B．动画效果　　　　C．交互效果　　　　D．切换效果

3．在 PowerPoint 2021 中，使用（　　　）动画效果，可自定义设置对象的运动轨迹。

　　A．进入　　　　　　B．强调　　　　　　C．退出　　　　　　D．动作路径

三、简答题

1．在幻灯片中设置超链接后，如何更改设置的超链接对象？

2．为演示文稿中的多张幻灯片设置切换效果后，如何将所有切换效果一次性删除？

2021

第 12 章
PowerPoint 幻灯片的
放映与输出

　　无论是对幻灯片进行美化，还是为幻灯片中的对象设置动画效果，其目的都是在放映演示文稿时获得良好的放映效果，可以说，幻灯片的放映设置是制作演示文稿的最终环节，也是最重要的环节。本章将具体介绍放映和输出 PowerPoint 幻灯片的相关操作。

学习目标

- 熟练掌握幻灯片的放映方法
- 学会快速定位幻灯片
- 学会在放映时批注重点
- 熟练掌握演示文稿的输出方法

12.1 幻灯片的放映设置

演示文稿制作的最后一步，是通过设置幻灯片的放映方式进行放映控制。放映前的幻灯片放映设置，包括控制幻灯片放映时间、选择幻灯片放映方式等。

12.1.1 设置幻灯片的放映方式

制作演示文稿的目的是演示、放映给观众看，因此，用户需要根据自己的放映需求设置幻灯片的放映方式，具体操作如下。

步骤01 打开"素材文件\第12章\公司宣传册.pptx"，切换到【幻灯片放映】选项卡，单击【设置】组中的【设置幻灯片放映】按钮，如图12-1所示。

步骤02 弹出【设置放映方式】对话框，在【放映类型】选项组中选择需要的放映类型，如选择【观众自行浏览】单选钮，在【放映选项】选项组中勾选【循环放映，按ESC键终止】复选框，单击【确定】按钮，如图12-2所示。

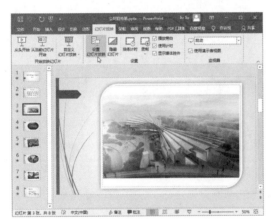

图12-1 单击【设置幻灯片放映】按钮 　　图12-2 设置放映方式

12.1.2 指定幻灯片播放

有时候，受放映时间的限制，演示文稿中的幻灯片无法一一放映，为了避免观众看到没有必要看到的幻灯片，用户可以选择限定放映页数和隐藏幻灯片，达到放映指定幻灯片的目的。

1．隐藏不需要放映的幻灯片

如果演示文稿中只有少数几张幻灯片不需要放映，或者需要放映的幻灯片不连续，可以对不放映的幻灯片设置隐藏，具体操作如下。

步骤01 打开"素材文件\第 12 章\公司宣传册 .pptx",选择需要隐藏的一张或多张幻灯片,切换到【幻灯片放映】选项卡,单击【设置】组中的【隐藏幻灯片】按钮,如图 12-3 所示。

步骤02 即可在左侧窗格中看到,被隐藏幻灯片的页号上出现删除线,且缩略图呈半透明状态,如图 12-4 所示。此时放映演示文稿,这些幻灯片不再被放映。

图 12-3 单击【隐藏幻灯片】按钮　　　　　图 12-4 隐藏的幻灯片

2. 限定幻灯片放映页

如果需要放映的幻灯片是连续的,则可以通过限定幻灯片放映的起始页和结束页来指定需要放映的幻灯片,具体操作如下。

步骤01 打开"素材文件\第 12 章\公司宣传册 .pptx",切换到【幻灯片放映】选项卡,单击【设置】组中的【设置幻灯片放映】按钮,如图 12-5 所示。

步骤02 弹出【设置放映方式】对话框,选择【从...到...】单选钮,在微调框中,分别设置需要放映的幻灯片的起始页和结束页,设置完成后单击【确定】按钮,如图 12-6 所示。

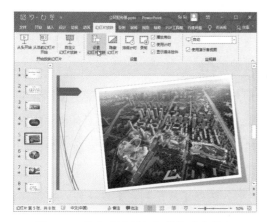

图 12-5 单击【设置幻灯片放映】按钮　　　图 12-6 设置放映起始页和结束页

12.1.3 排练计时放映

排练计时指在正式放映演示文稿前，手动对幻灯片进行切换，并将手动换片的时间记录下来。使用排练计时放映功能后，即可按照设定的时间自动放映演示文稿，具体操作如下。

步骤01 打开演示文稿，切换到【幻灯片放映】选项卡，单击【设置】组中的【排练计时】按钮，如图 12-7 所示。

步骤02 进入幻灯片放映视图，出现【录制】工具栏，放映时间达到合适的秒数后，单击鼠标，切换到下一张幻灯片，如图 12-8 所示。

图 12-7 单击【排练计时】按钮

图 12-8 计时放映时间

步骤03 重复步骤 02 中的操作，放映到末尾幻灯片时，在弹出的提示对话框中单击【是】按钮，保留幻灯片计时，下次播放时，即可按照记录的时间自动播放幻灯片，如图 12-9 所示。

图 12-9 保留幻灯片计时

课堂范例——指定"相册 PPT"的放映范围

通过对幻灯片放映方式、放映范围和计时进行设置，可以让演示效果更加符合用户的需求。以指定"相册 PPT"的放映范围为例，介绍幻灯片的放映设置，具体操作如下。

步骤01 打开"素材文件\第 12 章\相册 PPT.pptx"，切换到【幻灯片放映】选项卡，单击【设置】组中的【设置幻灯片放映】按钮，如图 12-10 所示。

步骤02 弹出【设置放映方式】对话框，选择【从…到…】单选钮，在微调框中，分别设置需要放映的幻灯片的起始页和结束页，设置完成后单击【确定】按钮，如图 12-11 所示。

图 12-10 单击【设置幻灯片放映】按钮　　　图 12-11 设置放映起始页和结束页

12.2 幻灯片的放映控制

放映幻灯片时，为了更好地展示内容，需要掌握一定的放映控制技巧，如定位幻灯片、跳转等。

幻灯片放映

在 PowerPoint 2021 中，幻灯片放映包括"从头开始""从当前幻灯片开始"和"自定义幻灯片放映"3 种设置方式。

1．从头开始

如果希望从演示文稿的第 1 张幻灯片开始依次放映，切换到【幻灯片放映】选项卡，单击【开始放映幻灯片】组中的【从头开始】按钮即可，如图 12-12 所示。

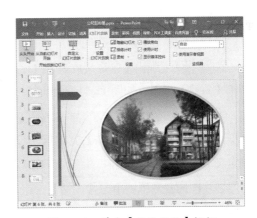

图 12-12 单击【从头开始】按钮

2．从当前幻灯片开始

如果希望从当前选择的幻灯片开始放映，可以切换到【幻灯片放映】选项卡，单击【开始放映幻灯片】组中的【从当前幻灯片开始】按钮，如图 12-13 所示。

图 12-13　单击【从当前幻灯片开始】按钮

按下【F5】键，可以从第一张幻灯片开始放映演示文稿；按【Shift+F5】组合键，可以从当前选择的幻灯片处放映演示文稿。

3．自定义幻灯片放映

针对不同的演示场合，幻灯片的放映顺序可能不一样，用户可以自定义放映顺序及放映内容，具体操作如下。

步骤01　打开"素材文件\第 12 章\公司宣传册 .pptx"，在【幻灯片放映】选项卡中，单击【自定义幻灯片放映】下拉按钮，在弹出的下拉列表中单击【自定义放映】命令，如图 12-14 所示。

步骤02　弹出【自定义放映】对话框，单击【新建】按钮，如图 12-15 所示。

步骤03　弹出【定义自定义放映】对话框，在【幻灯片放映名称】文本框中设置自定义名称，在左侧列表框中勾选需要放映的幻灯片前的复选框，单击【添加】按钮，如图 12-16 所示。

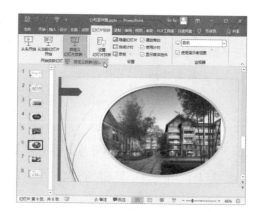

图 12-14　单击【自定义放映】命令

图 12-15　单击【新建】按钮

图 12-16　添加要放映的幻灯片

步骤04 添加的幻灯片出现在右侧的列表框中，按照步骤03中的操作，继续添加要放映的其他幻灯片，添加完成后单击【确定】按钮，如图12-17所示。

步骤05 返回【自定义放映】对话框，单击【放映】按钮，如图12-18所示。

图 12-17 单击【确定】按钮

图 12-18 单击【放映】按钮

12.2.2 快速定位幻灯片

放映演示文稿时，很可能遇到需要快速跳转到某一张幻灯片的情况，如果当前演示文稿中包含的幻灯片数目较多，单击切换太麻烦，可以使用快速定位幻灯片功能进行跳转，具体操作如下。

步骤01 在演示文稿放映过程中，右击幻灯片，在弹出的快捷菜单中单击【查看所有幻灯片】命令，如图12-19所示。

步骤02 此时，所有幻灯片以缩略图状态显示，单击指定的幻灯片，即可开始对应幻灯片的放映，如图12-20所示。

图 12-19 单击【查看所有幻灯片】命令

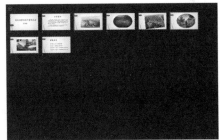

图 12-20 单击指定幻灯片

12.2.3 在放映过程中勾画重点

为了配合演示，在幻灯片放映过程中，可能会遇到需要勾画重点内容的情况，具体操作如下。

步骤01 打开"素材文件\第12章\公司宣传册.pptx"，单击状态栏中的【幻灯片放映】按钮，如图12-21所示。

步骤02 进入幻灯片放映界面，在需要标注或勾画的幻灯片中右击，在弹出的快捷菜单中单击【指针选项】命令，在弹出的级联列表中选择所需要的指针，如"笔"，如图 12-22 所示。

步骤03 再次右击，在弹出的快捷菜单中单击【指针选项】命令，在弹出的级联菜单中单击【墨迹颜色】命令，在弹出的颜色条中选择需要的颜色，如图 12-23 所示。

步骤04 此时，在需要标注或勾画的地方按下鼠标左键，拖动鼠标，鼠标指针移动的轨迹上会出现线条，如图 12-24 所示。

图 12-21 单击【幻灯片放映】按钮

图 12-22 选择需要的指针

图 12-23 设置墨迹颜色

图 12-24 进行标注或勾画

步骤05 若不小心进行了错误标注或勾画，可右击，在弹出的快捷菜单中单击【指针选项】命令，在弹出的级联菜单中单击【橡皮擦】命令，如图 12-25 所示。

步骤06 此时，鼠标指针变为橡皮擦形状，单击错误标注或勾画，即可将其擦除，如图 12-26 所示。

图 12-25 单击【橡皮擦】命令

图 12-26 擦除错误标注或勾画

步骤07　操作完成后，按下【Esc】键，退出鼠标标注模式，在弹出的提示对话框中单击【保留】按钮，保留墨迹注释，如图 12-27 所示。

图 12-27　单击【保留】按钮

12.3　演示文稿输出

通常，制作的演示文稿不仅仅供自己查看，还需要给其他人传阅，此时，就要用到 PowerPoint 的输出功能。

12.3.1　将幻灯片输出为图形文件

PowerPoint 有将幻灯片另存为图片格式的功能，具体操作如下。

步骤01　打开"素材文件 \ 第 12 章 \ 公司宣传册 .pptx"，单击【文件】选项卡，如图 12-28 所示。

步骤02　打开【文件】界面，单击【另存为】子选项卡，在子选项卡中单击【浏览】按钮，如图 12-29 所示。

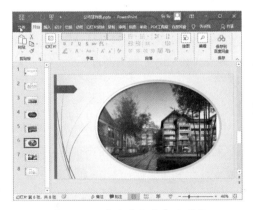

图 12-28　单击【文件】选项卡

图 12-29　单击【浏览】按钮

步骤03　弹出【另存为】对话框，设置文件名和保存路径，选择图片的保存类型，如"JPEG 文件交换格式（*.jpg）"，单击【保存】按钮，如图 12-30 所示。

步骤04　在弹出的提示对话框中选择要导出的幻灯片，本例单击【所有幻灯片】按钮，如图 12-31 所示。

图 12-30　设置图片保存信息

图 12-31　选择要导出的幻灯片

步骤05　在弹出的信息提示框中单击【确定】按钮，如图 12-32 所示。

步骤06　进入设置的保存路径，可以看到一个包含所有幻灯片图片的文件夹，如图 12-33 所示，双击任意幻灯片图片，即可以图片形式进行浏览。

图 12-32　确认操作

图 12-33　查看导出结果

12.3.2　将演示文稿导出为 PDF 文件

PDF 是一种常用的文件格式，这类文件不容易受计算机运行环境的影响，也不容易被其他浏览器随意修改。将演示文稿导出为 PDF 文件，具体操作如下。

步骤01　打开"素材文件 \ 第 12 章 \ 公司宣传册 .pptx"，切换到【文件】界面，单击【另存为】子选项卡，在子选项卡中单击【浏览】按钮，如图 12-34 所示。

步骤02　弹出【另存为】对话框，设置文件名和保存路径，单击【保存类型】下拉列表框，选择【PDF(*.pdf)】选项，单击【保存】按钮，如图 12-35 所示。

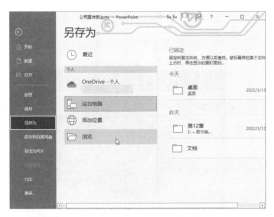

图 12-34　单击【浏览】按钮

图 12-35　保存文件

> **温馨提示**
>
> 在【文件】界面单击【导出为 PDF】子选项卡，PowerPoint 会自动将演示文稿中的所有幻灯片转换为 PDF 文件，保存位置为默认的文件保存路径。

12.3.3　将演示文稿导出为视频文件

将演示文稿导出为视频文件，可以最大程度地展示动画效果、切换效果和多媒体信息，具体操作如下。

步骤01　打开"素材文件 \ 第 12 章 \ 公司宣传册 .pptx"，单击【文件】选项卡，如图 12-36 所示。

步骤02　在【文件】界面中，切换到【另存为】子选项卡，在子选项卡中单击【浏览】按钮，如图 12-37 所示。

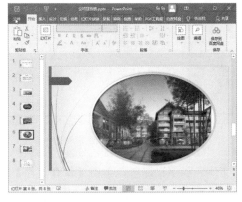

图 12-36　单击【文件】选项卡

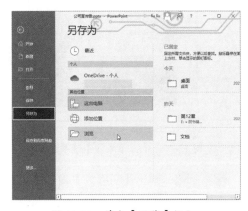

图 12-37　单击【浏览】按钮

步骤03　弹出【另存为】对话框，设置文件名和保存路径，选择视频文件的保存类型，如"MPEG-4 视频 (*.mp4)"，单击【保存】按钮，如图 12-38 所示。

步骤04 导出成功后，打开视频文件，即可看到演示文稿的播放效果，如图 12-39 所示。

图 12-38 设置视频保存信息

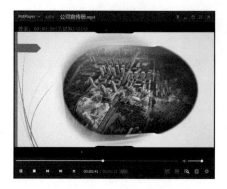

图 12-39 打开视频文件

课堂范例——将"相册 PPT"中的部分幻灯片导出为 PDF 文件

将 PPT 导出为图片文件、PDF 文件或视频文件，可以便于用户浏览，以将"相册 PPT"中的部分幻灯片导出为 PDF 文件为例，具体操作如下。

步骤01 打开"素材文件 \ 第 12 章 \ 相册 PPT.pptx"，单击【文件】选项卡，如图 12-40 所示。

步骤02 在【文件】界面中，切换到【另存为】选项卡，在子选项卡中单击【浏览】按钮，如图 12-41 所示。

图 12-40 单击【文件】选项卡

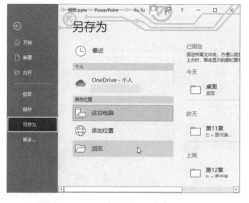

图 12-41 单击【浏览】按钮

步骤03 弹出【另存为】对话框，设置文件名和保存路径，单击【保存类型】下拉列表框，选择【PDF(*.pdf)】选项，单击【选项】按钮，如图 12-42 所示。

步骤04 弹出【选项】对话框，根据需要进行设置，本例选择【幻灯片】单选钮，在右侧的微调框中，设置需要导出为 PDF 文件的幻灯片，设置完成后单击【确定】按钮，如图 12-43 所示。

图 12-42　单击【选项】按钮

图 12-43　设置需要导出的幻灯片

步骤05　返回【另存为】对话框，单击【保存】按钮，如图 12-44 所示。

图 12-44　单击【保存】按钮

课堂问答

问题❶：放映演示文稿时可以隐藏声音图标吗

答：如果觉得放映演示文稿时声音图标显示出来会破坏画面，可以将其隐藏，解决方法：选择声音图标，切换到【播放】选项卡，在【音频选项】组中勾选【放映时隐藏】复选框。

问题❷：如何在幻灯片中显示当前日期

答：切换到【视图】选项卡，单击【幻灯片母版】按钮后，切换到【插入】选项卡，单击【页眉和页脚】按钮，在弹出的【页眉和页脚】对话框中勾选【日期和时间】复选框，单击【全部应用】按钮，如图 12-45 所示。

图 12-45　勾选【日期和时间】复选框

上机实战——为"年终总结 PPT"排练计时

通过对本章内容的学习，相信读者已掌握了在 PowerPoint 2021 中进行幻灯片放映设置、放映控制及输出演示文稿的方法，下面以为"年终总结 PPT"排练计时为例，讲解在幻灯片中进行放映设置的综合技能应用。

效果展示

"年终终结 PPT"素材如图 12-46 所示，效果如图 12-47 所示。

图 12-46　素材

图 12-47　效果

思路分析

放映年终总结 PPT 时，通常需要对 PPT 做出讲解和批注，此时，可以用"笔"添加批注，并对放映时间做出预估。

本例中，首先使用排练计时对演示文稿的放映时间进行控制，然后在放映过程中对重点信息进行勾画和批注，最后对演示文稿进行保存，得到最终效果。

制作步骤

步骤01　打开"素材文件 \ 第 12 章 \ 年终总结 PPT.pptx"，切换到【幻灯片放映】选项卡，单击【设置】组中的【排练计时】按钮，如图 12-48 所示。

步骤02　幻灯片进入放映状态，在合适的时间，单击【录制】工具条中的【下一项】按钮 →，如图 12-49 所示。

图 12-48　单击【排练计时】按钮

图 12-49　单击【下一项】按钮（1）

步骤03　进入下一张幻灯片，继续在合适的时间单击【录制】工具条中的【下一项】按钮 →，如图 12-50 所示。

步骤04　当放映到需要勾画和标注重点的幻灯片时，右击放映界面，在弹出的快捷菜单中依次单击【指针选项】→【笔】命令，如图 12-51 所示。

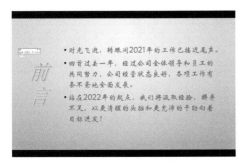

图 12-50　单击【下一项】按钮（2）

图 12-51　单击【笔】命令

步骤05　按下鼠标左键，在放映界面拖动鼠标指针，在合适位置释放鼠标左键，即可完成勾画和标注操作，完成操作后，单击【下一项】按钮，如图 12-52 所示。

步骤06　在最后一张幻灯片中，根据需要进行勾画和标注，完成操作后，在合适的时间单击【下一项】按钮，如图 12-53 所示。

图 12-52　单击【下一项】按钮（3）

图 12-53　单击【下一项】按钮（4）

步骤07 弹出提示对话框，提示用户是否保留墨迹注释，单击【保留】按钮，如图 12-54 所示。

步骤08 在弹出的提示对话框中，可以看到排练计时的时间，单击【是】按钮，保留幻灯片计时，如图 12-55 所示。

图 12-54 保留墨迹注释

图 12-55 保留幻灯片计时

同步训练——将"活动策划书 PPT"导出为视频文件

完成对上机实战案例的学习后，为了提高大家的动手能力，下面安排一个同步训练案例，以期达到举一反三、触类旁通的学习效果。

图解流程

同步训练案例的流程图解如图 12-56 所示。

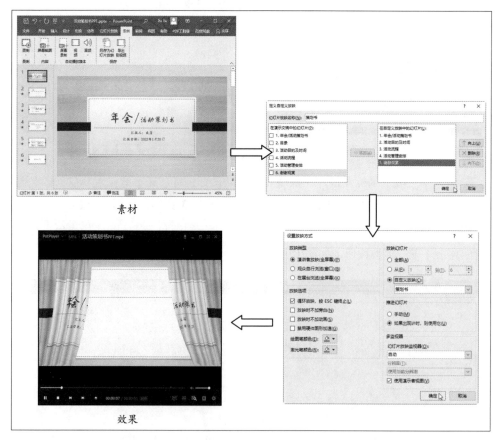

图 12-56 流程图解

制作步骤

如果不需要放映演示文稿中的所有幻灯片，可以手动设置演示文稿的放映范围，也可以将演示文稿输出为视频文件进行保存。本例中，首先设置需要放映的幻灯片，然后设置幻灯片循环放映方式，最后将演示文稿导出为视频文件，得到最终效果。

关键步骤

步骤01　打开"素材文件 \ 第 12 章 \ 活动策划书 PPT.pptx"，切换到【幻灯片放映】选项卡，单击【开始放映幻灯片】组中的【自定义幻灯片放映】下拉按钮，在弹出的下拉列表中单击【自定义放映】命令，如图 12-57 所示。

步骤02　弹出【自定义放映】对话框，单击【新建】按钮，如图 12-58 所示。

图 12-57　单击【自定义放映】命令　　　　图 12-58　单击【新建】按钮

步骤03　在左侧列表框中勾选需要放映的幻灯片名称前的复选框，单击【添加】按钮，如图 12-59 所示。

步骤04　在右侧列表框中，可以看到自定义放映的幻灯片名称，单击【确定】按钮，如图 12-60 所示。

图 12-59　自定义要放映的幻灯片　　　　图 12-60　确认自定义设置

步骤05　返回【自定义放映】对话框，单击【关闭】按钮，如图 12-61 所示。

步骤06　在【幻灯片放映】选项卡中，单击【设置】组的【设置幻灯片放映】按钮，如图 12-62 所示。

图 12-61　单击【关闭】按钮

图 12-62　单击【设置幻灯片放映】按钮

步骤07　弹出【设置放映方式】对话框，在【放映选项】选项组中勾选【循环放映，按 ESC 键终止】复选框，在【放映幻灯片】选项组中，选择【自定义放映】单选钮，单击【确定】按钮，如图 12-63 所示。

步骤08　切换到【录制】选项卡，单击【保存】组中的【导出到视频】按钮，如图 12-64 所示。

图 12-63　设置放映方式

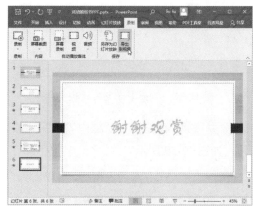

图 12-64　单击【导出到视频】按钮

步骤09　切换到【文件】窗口，单击【导出】子选项卡，在中间窗格中单击【创建视频】命令，在右侧窗格中设置相关参数，设置完成后单击【创建视频】按钮，如图 12-65 所示。

步骤10　弹出【另存为】对话框，设置文件保存路径和文件名，单击【保存】按钮，如图 12-66 所示。

图 12-65　单击【创建视频】按钮

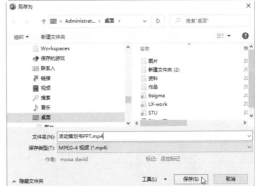

图 12-66　设置保存路径和文件名

知识能力测试

本章讲解了在 PowerPoint 2021 中设置 PowerPoint 幻灯片放映和输出的相关操作，为对知识进行巩固和考核，布置相应的练习题。

一、填空题

1．在 PowerPoint 2021 中，幻灯片放映包括_____、_____和_____3 种设置方式。

2．在 PowerPoint 2021 中，按下_____键，可以从第一张幻灯片开始放映演示文稿。

3．将 PPT 导出为_____文件，可以最大程度地展示动画效果和切换效果，以及多媒体信息。

二、选择题

1．在 PowerPoint 2021 中，按（　　　）键，可以从当前幻灯片开始放映演示文稿。

 A．【F5】   B．【F12】   C．【Shift+F5】 D．【Shift+F12】

2．默认情况下，放映完所有幻灯片后单击鼠标，PowerPoint 将（　　　）。

 A．显示白屏   B．显示黑屏

 C．从第一张幻灯片开始重新放映 D．退出放映界面

3．幻灯片放映状态下，按下（　　　）键，可以退出放映状态。

 A．【Enter】   B．空格   C．【Esc】   D．【F5】

三、简答题

1．可以将演示文稿导出为 PowerPoint 文件类型以外的其他文件类型吗？请举例说明。

2．什么是讲义，如何将演示文稿制作为讲义？

Office 2021

第 13 章
综合案例

Office 软件是 Microsoft 公司推出的主流办公软件，被广泛应用于各个领域，包括行政、文秘、财务、生产、销售等。本章通过对几个综合案例进行讲解，帮助用户加深对软件知识与操作技巧的理解。

学习目标

- 熟练掌握"调查问卷"的制作方法
- 熟练掌握批量制作"邀请函"的方法
- 熟练掌握"工资条"的制作方法
- 熟练掌握"企业利润表"的制作方法
- 熟练掌握"新员工入职培训手册 PPT"的制作方法

13.1 实战：用Word制作"调查问卷"

运用所学知识，使用 Word 制作"调查问卷"。

"调查问卷"文档素材如图 13-1 所示，效果如图 13-2 所示。

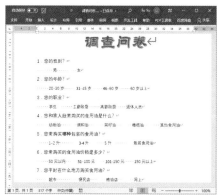

图 13-1　素材

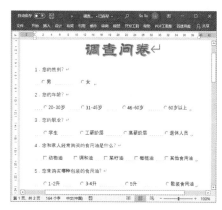

图 13-2　效果

调查问卷是了解客户需求的重要资料，极具参考价值，制作时一定要认真，不仅调查内容要贴近读者生活，问卷页面也要干净清爽。

本例中，先将文档保存为启用宏的文档，再在文档中添加单选钮、复选框、下拉列表框等相关控件，得到最终效果。

步骤01 打开"素材文件\第13章\调查问卷.docx"文档，单击【文件】选项卡，如图 13-3 所示。

步骤02 切换到【另存为】子选项卡，单击【浏览】按钮，如图 13-4 所示。

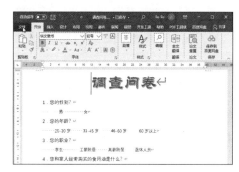

图 13-3　单击【文件】选项卡

图 13-4　单击【浏览】按钮

步骤03 弹出【另存为】对话框，设置文件的保存位置和文件名，选择【启用宏的 Word 文档（*.docm）】保存类型，单击【保存】按钮，如图 13-5 所示。

步骤04 将光标插入点定位在目标位置，切换到【开发工具】选项卡，单击【控件】组中的【旧式工具】下拉按钮，在弹出的下拉列表中，选择【ActiveX 控件】栏的【选项按钮】控件◉，如图 13-6 所示。

图 13-5 保存为启用宏的 Word 文档

图 13-6 插入控件

步骤05 在文档中看到插入的【选项按钮】控件（俗称"单选钮"）后，在【开发工具】选项卡【控件】组中，单击【属性】按钮，如图 13-7 所示。

步骤06 弹出【属性】对话框，在【Caption】选项右侧输入单选钮要显示的名称，单击【Font】选项右侧的选择按钮，如图 13-8 所示。

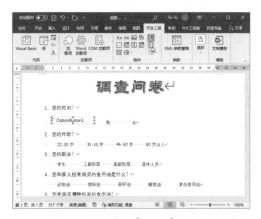

图 13-7 单击【属性】按钮

图 13-8 设置单选钮显示名称

步骤07 弹出【字体】对话框，设置单选钮文字的字体、字形和大小等字体格式，单击【确定】按钮，如图 13-9 所示。

步骤08 在【GroupName】选项右侧设置该组单选钮的名称，为确保每组单选钮选择的单一性，应保证该组所有单选钮的【GroupName】为相同的名称，设置完成后关闭【属性】对话框，如图 13-10 所示。

图 13-9 设置单选钮文字的字体格式　图 13-10 设置【GroupName】参数值

步骤09 调整控件大小，并删除多余的文本内容，控件效果如图 13-11 所示。

步骤10 将插入的控件复制并粘贴到其他位置，设置显示内容及相关参数，并调整控件大小，如图 13-12 所示。

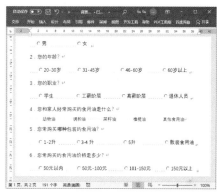

图 13-11 调整控件大小　图 13-12 设置控件显示内容及相关参数

步骤11 在【开发工具】选项卡【控件】组中，单击【旧式工具】下拉按钮，在弹出的下拉列表中选择【复选框按钮】控件，如图 13-13 所示。

步骤12 在文档中看到插入的【复选框按钮】控件（俗称"复选框"）后，在【控件】组中，单击【属性】按钮，如图 13-14 所示。

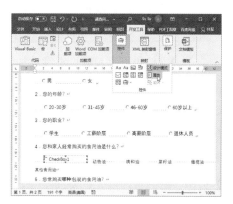

图 13-13 选择【复选框按钮】控件　图 13-14 单击【属性】按钮

步骤13 弹出【属性】对话框，在【Caption】选项右侧输入复选框要显示的名称，单击【Font】选项右侧的选择按钮，如图 13-15 所示。

步骤14 弹出【字体】对话框，设置复选框文字的字体、字形和大小等字体格式，单击【确定】按钮，如图 13-16 所示。

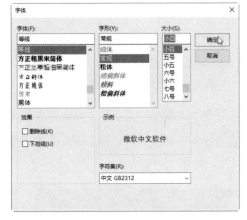

图 13-15　设置复选框显示名称　　　　图 13-16　设置复选框文字的字体格式

步骤15 设置【GroupName】参数值，设置完成后关闭对话框，如图 13-17 所示。

步骤16 调整控件大小，如图 13-18 所示。

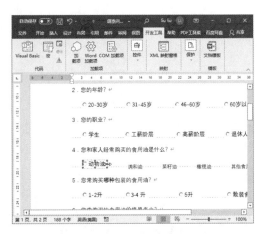

图 13-17　设置【GroupName】参数值　　　图 13-18　调整控件大小

步骤17 按照以上步骤，继续添加其他复选框，完成后的效果如图 13-19 所示。

步骤18 将光标插入点定位在要插入文本框的位置，在【开发工具】选项卡【控件】组中选择【文本框按钮】控件 [abl]，如图 13-20 所示。

步骤19 调整文本框的大小，如图 13-21 所示。

步骤20 调查问卷设置完成后，在【开发工具】选项卡【控件】组中单击【设计模式】按钮，退出设计模式，如图 13-22 所示。

图 13-19 添加其他复选框控件

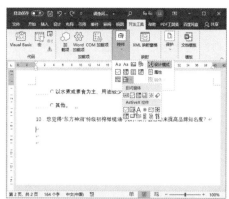

图 13-20 选择【文本框按钮】控件

图 13-21 调整文本框大小

图 13-22 退出设计模式

13.2 实战：用Word批量制作"邀请函"

运用所学知识，使用 Word 制作"邀请函"。

效果展示

"邀请函"文档素材如图 13-23 所示，效果如图 13-24 所示。

图 13-23 素材

图 13-24 效果

思路分析

制作邀请函时，若文档正文内容全部相同，只是收件人姓名和称呼有所不同，可以使用邮件合并功能快速批量制作邀请函。

本例中，首先，将邀请函的标题设为艺术字，并修改标题字体和段落对齐方式，然后，为页面设置填充效果，美化文档，键入收件人列表并插入合并域，最后，使用邮件合并功能，批量制作邀请函。

制作步骤

步骤01 打开"素材文件\第13章\邀请函.docx"文档，选择标题文本，切换到【插入】选项卡，单击【文本】组中的【艺术字】下拉按钮，在弹出的下拉列表中选择需要的艺术字样式，如图13-25所示。

步骤02 切换到【绘图工具/形状格式】选项卡，单击【排列】组中的【环绕文字】下拉按钮，在弹出的下拉列表中单击【嵌入型】命令，如图13-26所示。

图 13-25　设置艺术字样式

图 13-26　设置艺术字环绕方式

步骤03 单击【开始】选项卡【段落】组中的【居中】按钮，设置居中对齐标题，如图13-27所示。

步骤04 选择插入的艺术字，单击【开始】选项卡【字体】组右下角的展开按钮，如图13-28所示。

图 13-27　设置居中对齐标题

图 13-28　单击【字体】组右下角的展开按钮

步骤05 弹出【字体】对话框，设置艺术字标题的字体、字形和字号等字体格式，如图 13-29 所示。

步骤06 切换到【高级】选项卡，设置【间距】为【加宽】，加宽磅值为【5 磅】，设置完成后，单击【确定】按钮，如图 13-30 所示。

图 13-29 设置字体格式

图 13-30 设置字符间距

步骤07 切换到【设计】选项卡，单击【页面颜色】下拉按钮，在弹出的下拉列表中，单击【填充效果】命令，如图 13-31 所示。

步骤08 弹出【填充效果】对话框，在【渐变】选项卡中，选择【双色】单选钮，在右侧设置渐变的两种颜色，在【底纹样式】栏中选择渐变样式，如图 13-32 所示，设置完成后单击【确定】按钮。

图 13-31 单击【填充效果】命令

图 13-32 设置渐变填充效果

步骤09 将光标插入点定位在收件人姓名的位置，切换到【邮件】选项卡，单击【选择收件人】下拉按钮，在弹出的下拉列表中单击【键入新列表】命令，如图13-33所示。

步骤10 弹出【新建地址列表】对话框，设置第一个收件人的相关信息，单击【新建条目】按钮，如图13-34所示。

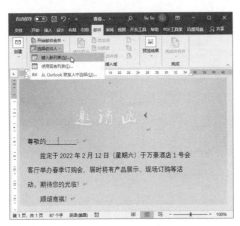

图13-33 单击【键入新列表】命令

图13-34 设置第一个收件人的信息

步骤11 按照步骤10中介绍的操作，设置其他收件人的信息，设置完成后单击【确定】按钮，如图13-35所示。

步骤12 弹出【保存通讯录】对话框，设置保存路径和文件名，单击【保存】按钮，如图13-36所示。

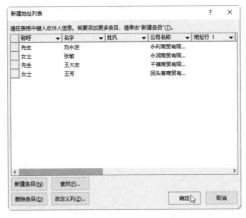

图13-35 设置其他收件人的信息

图13-36 保存通讯录

步骤13 将光标插入点定位在收件人名字的位置，单击【邮件】选项卡中的【插入合并域】下拉按钮，在弹出的下拉列表中单击【名字】命令，如图13-37所示。

步骤14 将光标插入点定位在收件人称呼的位置，单击【邮件】选项卡中的【插入合并域】下拉按钮，在弹出的下拉列表中单击【称呼】命令，如图13-38所示。

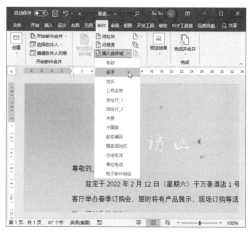
图 13-37　插入【名字】域

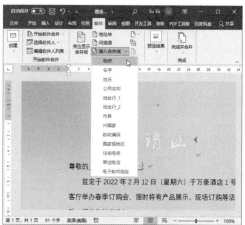
图 13-38　插入【称呼】域

步骤15　单击【开始邮件合并】下拉按钮，在弹出的下拉列表中单击【邮件合并分步向导】命令，如图 13-39 所示。

步骤16　弹出【邮件合并】窗格，单击【下一步：撰写信函】链接，如图 13-40 所示。

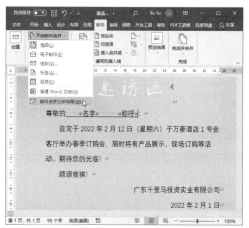
图 13-39　单击【邮件合并分步向导】命令

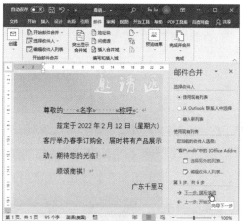
图 13-40　单击【下一步：撰写信函】链接

步骤17　单击【下一步：预览信函】链接，如图 13-41 所示。

步骤18　在文档中看到导入的第一个收件人的姓名和称呼后，单击【下一步：完成合并】链接，如图 13-42 所示。

步骤19　单击【编辑单个信函】链接，如图 13-43 所示。

步骤20　弹出【合并到新文档】对话框，选择【全部】单选钮，单击【确定】按钮，如图 13-44 所示。

 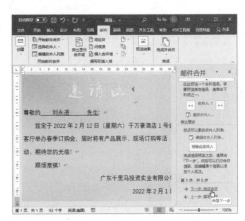

图 13-41　单击【下一步：预览信函】链接　　图 13-42　单击【下一步：完成合并】链接

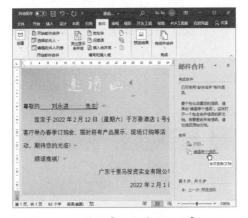 

图 13-43　单击【编辑单个信函】链接　　图 13-44　合并到新文档

步骤21　打开新文档，可以看到合并后的效果，如图 13-45 所示。

步骤22　按【Ctrl+S】组合键，弹出【保存此文件】对话框，设置文档的保存路径和文件名，单击【保存】按钮，如图 13-46 所示。

图 13-45　预览合并效果　　图 13-46　保存批量邀请函

13.3 实战：用Excel制作"工资条"

运用所学知识，使用 Excel 制作"工资条"。

效果展示

"工资条"素材如图 13-47 所示，效果如图 13-48 所示。

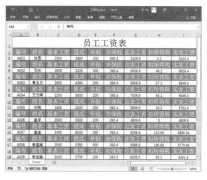

图 13-47　素材　　　　　　　　　　　图 13-48　效果

思路分析

发放工资时，公司不可能将所有员工的工资明细发给所有人，使用工资条，可以让每个员工分别明确自己的各项收入和扣款。

本例中，首先将复制标题操作录制为宏，然后将宏的应用范围修改为包含数据的所有行，最后将文件保存为带宏格式的文件类型，得到最终结果。

制作步骤

步骤01 打开"素材文件 \ 第 13 章 \ 工资表 .xlsx"，单击【文件】选项卡，如图 13-49 所示。

步骤02 在左侧窗格中单击【选项】子选项卡，如图 13-50 所示。

图 13-49　单击【文件】选项卡　　　　图 13-50　单击【选项】子选项卡

步骤03　弹出【Excel 选项】对话框，单击【自定义功能区】选项卡，在【自定义功能区】下拉列表中选择【主选项卡】选项，在对应的列表框中勾选【开发工具】复选框，单击【确定】按钮，如图 13-51 所示。

步骤04　在工作表中选择 A2 单元格，单击【开发工具】选项卡，单击【代码】组中的【使用相对引用】按钮，如图 13-52 所示。

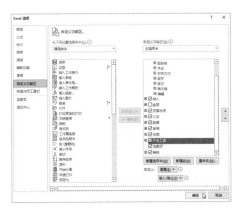

图 13-51　添加【开发工具】选项卡

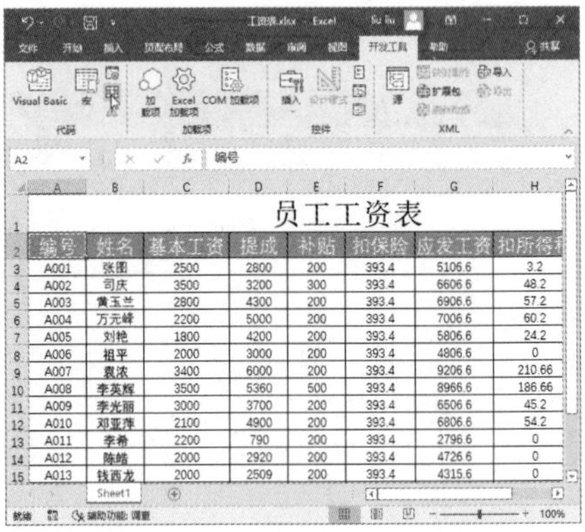

图 13-52　单击【使用相对引用】按钮

步骤05　单击【开发工具】选项卡【代码】组中的【录制宏】按钮，如图 13-53 所示。

步骤06　弹出【录制宏】对话框，在【宏名】文本框中输入宏名，在【快捷键】栏中设置运行宏的快捷键，在【保存在】下拉列表中选择宏的保存位置，设置完成后单击【确定】按钮，如图 13-54 所示。

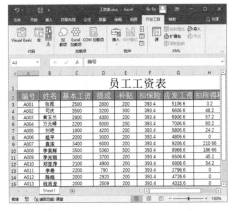

图 13-53　单击【录制宏】按钮

图 13-54　【录制宏】对话框

步骤07　返回工作表，选择列标题所在的"A2:I2"单元格区域，单击【开始】选项卡【剪贴板】组中的【复制】按钮，如图 13-55 所示。

步骤08　右击 A4 单元格，在弹出的快捷菜单中单击【插入复制的单元格】命令，如图 13-56 所示。

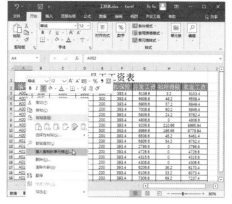

图 13-55 复制单元格 图 13-56 插入复制的单元格

步骤09 弹出【插入】对话框，选择【活动单元格下移】单选钮，单击【确定】按钮，如图 13-57 所示。

步骤10 返回工作表，即可看到已为第 2 条工资条目添加了列标题。在【开发工具】选项卡的【代码】组中，单击【停止录制】按钮，停止宏的录制，如图 13-58 所示。

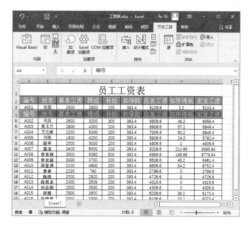

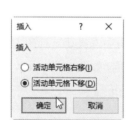

图 13-57 【插入】对话框 图 13-58 单击【停止录制】按钮

步骤11 在【开发工具】选项卡的【代码】组中，单击【Visual Basic】按钮，如图 13-59 所示。

步骤12 弹出 Visual Basic 窗口，在左侧【工程】列表框的宏所在工作表下，双击【模块 1】选项，在右侧的代码窗口中，根据需要修改宏代码，如工资表表格（不含第一行列标题）有 18 行，减去已有的一行列标题，代码为 "For i = 4 To 20"，在代码 "End Sub" 前输入 "Next"，输入完成后关闭窗口，如图 13-60 所示。

步骤13 返回工作表，选择录制宏时添加的列标题所在行并右击，在弹出的快捷菜单中单击【删除】命令，删除多余的列标题，如图 13-61 所示。

步骤14 选择 A2 单元格，单击【开发工具】选项卡【代码】组中的【宏】按钮，如图 13-62 所示。

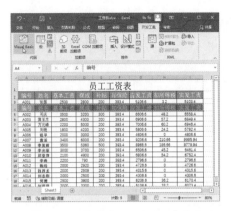

图 13-59　单击【Visual Basic】按钮

图 13-60　修改宏代码

图 13-61　删除多余的列标题

图 13-62　单击【宏】按钮

步骤15　弹出【宏】对话框，在【位置】下拉列表中选择要运行的宏所在的位置，在【宏名】列表框中选择要运行的宏，单击【执行】按钮，如图 13-63 所示。

步骤16　返回工作表，即可看到运行结果，如图 13-64 所示。

图 13-63　运行宏

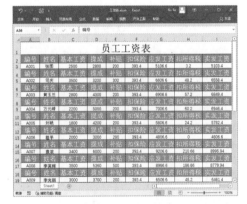

图 13-64　运行结果

步骤17　单击【文件】选项卡中的【另存为】子选项卡，在中间窗格中单击【浏览】按钮，如图 13-65 所示。

步骤18 弹出【另存为】对话框，设置保存路径和文件名后，单击【保存类型】下拉列表框，选择【Excel 启用宏的工作簿】选项，单击【保存】按钮，如图 13-66 所示。

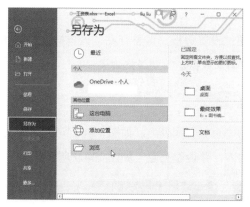

图 13-65 单击【浏览】按钮

图 13-66 保存为启用宏的工作簿

13.4 实战：用Excel制作"企业利润表"

运用所学知识，使用 Excel 制作"企业利润表"。

效果展示

"企业利润表"制作效果如图 13-67 所示。

图 13-67 效果

企业利润表是财务人员常用的表格之一，可以用专业的财务软件制作，也可以用 Excel 轻松制作。

本例中，首先输入相关文本内容，然后通过设置边框、调整行高、设置数字格式等操作美化表格，最后设置相关单元格的公式并输入数据，得到最终效果。

制作步骤

步骤01 新建空白工作簿，将其命名为"企业利润表"，如图 13-68 所示。

步骤02 在工作表中输入需要的文本内容，并调整列宽，如图 13-69 所示。

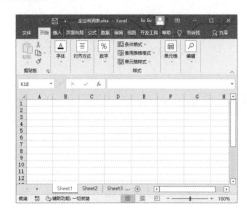

图 13-68　新建空白工作簿

图 13-69　输入文本内容并调整列宽

步骤03 选择标题行，单击【开始】选项卡【对齐方式】组中的【合并后居中】按钮，如图 13-70 所示。

步骤04 保持标题行为选中状态，在【字体】组中设置标题的字体和字号等字体格式，如图 13-71 所示。

图 13-70　对标题行设置合并后居中

图 13-71　设置标题行字体格式

步骤05 按照以上步骤，继续为表格中的其他单元格设置对齐方式和单元格文本内容的字体、字号等字体格式，设置完成后的效果如图 13-72 所示。

步骤06 选择利润表列标题单元格区域，单击【开始】选项卡【字体】组中的【填充颜色】下拉按钮，在弹出的下拉列表中选择列标题单元格区域的底纹颜色，如图 13-73 所示。

图 13-72 设置其他单元格的内容

图 13-73 设置底纹颜色

步骤07 选择要添加边框的单元格区域，单击【开始】选项卡【字体】组中的【边框】下拉按钮，在弹出的下拉列表中单击【所有框线】命令，如图 13-74 所示。

步骤08 选择"C5:D36"单元格区域，单击【开始】选项卡【数字】组右下角的展开按钮，如图 13-75 所示。

图 13-74 添加边框

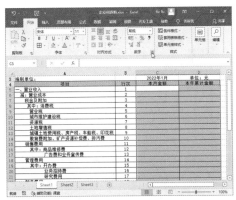

图 13-75 单击【数字】组右下角的展开按钮

步骤09 弹出【设置单元格格式】对话框，在【数字】选项卡的【分类】列表框中选择【数值】选项，在右侧的【小数位数】微调框中输入数值"2"，在【负数】列表框中选择负数的显示方式，单击【确定】按钮，如图 13-76 所示。

步骤10 选择 C25 单元格，输入计算"营业利润"的公式，本例为"=C5-C6-C7-C15-C18-C22+C24"，按下【Enter】键确认，如图 13-77 所示。

步骤11 选择 C34 单元格，输入计算"利润总额"的公式，本例为"=C25+C26-

C28", 按下【Enter】键确认, 如图 13-78 所示。

步骤12 选择 C36 单元格, 输入计算"净利润"的公式, 本例为"=C34-C35", 按下【Enter】键确认, 如图 13-79 所示。

图 13-76 设置单元格数值格式

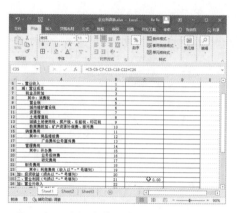

图 13-77 输入计算"营业利润"的公式

图 13-78 输入计算"利润总额"的公式

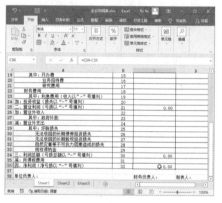

图 13-79 输入计算"净利润"的公式

步骤13 使用填充柄功能, 将公式填充到右侧的 D36 单元格中, 如图 13-80 所示。

步骤14 在工作表中输入相关数值, 设置了公式的单元格中将自动显示计算结果, 单击快速访问工具栏中的【保存】按钮, 即可保存工作簿, 如图 13-81 所示。

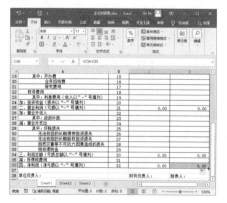

图 13-80 填充公式

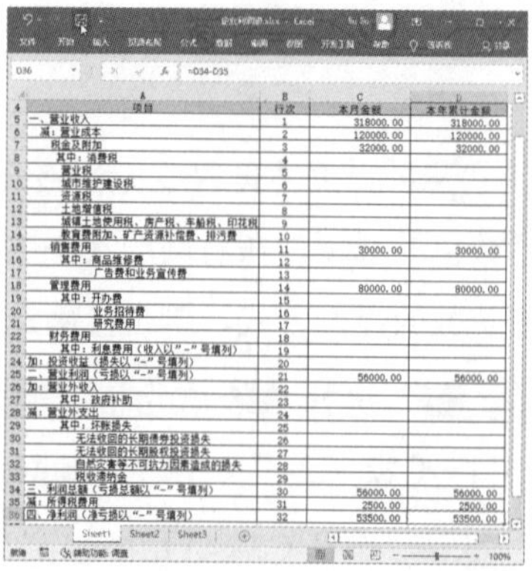

图 13-81 输入数值并保存工作簿

13.5 实战：制作"新员工入职培训手册PPT"

运用所学知识，使用 PowerPoint 制作"新员工入职培训手册 PPT"。

效果展示

"新员工入职培训手册 PPT"制作效果如图 13-82 所示。

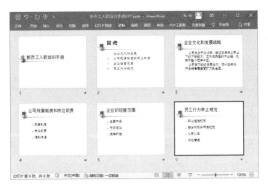

图 13-82　效果

思路分析

当公司有新员工入职时，为了让新人更快地融入公司，通常需要对其进行一些常规培训，如了解企业文化和规章制度、了解企业经营范围、明确岗位职责等。

制作"新员工培训手册 PPT"时，为了简化操作，用户可以先在 PowerPoint 中选择适合的模板文件，再根据需要更改字体格式、段落格式、项目符号样式等，得到最终效果。

制作步骤

步骤01　在幻灯片编辑界面，单击【文件】选项卡，如图 13-83 所示。

步骤02　单击【新建】子选项卡，在右侧的搜索框中输入"员工培训"，单击【搜索】按钮，如图 13-84 所示。

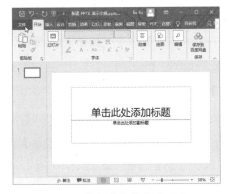

图 13-83　单击【文件】选项卡

图 13-84　搜索模板

步骤03 选择需要的模板，如图 13-85 所示。

步骤04 在弹出的窗口中单击【创建】按钮，如图 13-86 所示。

图 13-85 选择需要的模板　　　　　图 13-86 单击【创建】按钮

步骤05 此时，可以看到应用模板后的效果。选择第 1 张幻灯片，删除不需要的文本框，输入标题文本，并设置字体格式，如图 13-87 所示。

步骤06 选择第 2 张幻灯片，输入需要的文本内容并设置字体格式，如图 13-88 所示。

图 13-87 设置标题页　　　　　图 13-88 输入文本内容并设置字体格式

步骤07 选择要更改项目符号的文本内容，单击【开始】选项卡【段落】组中的【编号】下拉按钮，在弹出的下拉列表中单击【项目符号和编号】命令，如图 13-89 所示。

步骤08 弹出【项目符号和编号】对话框，切换到【编号】选项卡，选择需要的编号样式，设置编号的大小和颜色，单击【确定】按钮，如图 13-90 所示。

步骤09 返回幻灯片编辑界面，即可看到更改编号样式后的效果，如图 13-91 所示。

步骤10 选择需要取消项目符号的文本内容，单击【开始】选项卡【段落】组中的【项目符号】下拉按钮，在弹出的下拉列表中选择【无】选项，如图 13-92 所示。

图 13-89　单击【项目符号和编号】命令

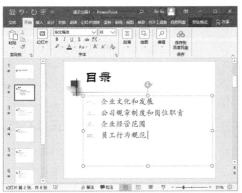

图 13-90　设置编号

图 13-91　浏览更改效果

图 13-92　取消项目符号

步骤11　保持文本内容为选中状态，单击【开始】选项卡【段落】组右下角的展开按钮，如图 13-93 所示。

步骤12　弹出【段落】对话框，设置【首行】缩进，并根据需要设置段落间距，设置完成后单击【确定】按钮，如图 13-94 所示。

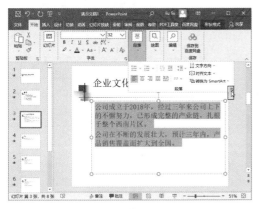

图 13-93　单击【段落】组右下角的展开按钮

图 13-94　设置首行缩进和段落间距

步骤13 设置段落格式后的效果如图 13-95 所示。按照以上步骤，继续设置其他幻灯片文本的段落格式。

步骤14 在左侧窗格中选择不需要的幻灯片，右击，在弹出的快捷菜单中单击【删除幻灯片】命令，如图 13-96 所示。

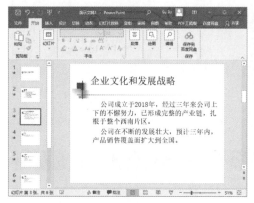

图 13-95　浏览设置的段落格式　　　　图 13-96　删除不需要的幻灯片

步骤15 单击快速访问工具栏中的【保存】按钮，如图 13-97 所示。

步骤16 弹出【保存此文件】对话框，设置文件名和保存位置，单击【保存】按钮，如图 13-98 所示。

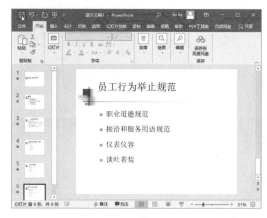

图 13-97　单击【保存】按钮　　　　图 13-98　设置文件名和保存位置

Office
2021

1. Word 2021 常用快捷键索引

工具名称	快捷键	工具名称	快捷键
选择整篇文档	Ctrl+A	将所有字母设为大写字母	Ctrl+Shift+A
应用或取消加粗	Ctrl+B	将所有字母设成小写字母	Ctrl+Shift+K
复制文本或对象	Ctrl+C	切换到页面视图	Alt+Ctrl+P
段落居中	Ctrl+E	切换到大纲视图	Alt+Ctrl+O
弹出【导航】窗格	Ctrl+F	切换到普通视图	Alt+Ctrl+N
应用或取消斜体	Ctrl+I	将光标插入点移到本行开头位置	Home
左对齐	Ctrl+L	将光标插入点移到整篇文档开头位置	Ctrl+Home
两端对齐	Ctrl+J	将光标插入点移到本行末尾位置	End
右对齐	Ctrl+R	将光标插入点移到整篇文档末尾位置	Ctrl+End
添加下划线	Ctrl+U	标记目录项	Alt+Shift+O
粘贴文本或对象	Ctrl+V	获得联机帮助	F1
剪切文本或对象	Ctrl+X	激活菜单栏	F10
重复上一步操作	Ctrl+Y	取消操作	Esc
撤销上一步操作	Ctrl+Z	关闭当前窗口	Ctrl+F4
逐磅缩小字号	Ctrl+[	将文档窗口最大化	Ctrl+F10
逐磅增大字号	Ctrl+]	弹出【打开】对话框	Ctrl+F12
缩小字号	Ctrl+Shift+<	退出 Word 文档	Alt+F4
增大字号	Ctrl+Shift+>		

2. Excel 2021 常用快捷键索引

工具名称	快捷键	工具名称	快捷键
选择整张工作表	Ctrl+A	获得联机帮助	F1
应用或取消加粗	Ctrl+B	弹出【定位】对话框	F5
复制数据（包括公式和格式）	Ctrl+C	在选中区域内从上往下移动	Enter
应用或取消斜体	Ctrl+I	移动到行首	Home
插入超链接	Ctrl+K	隐藏或显示功能区	Ctrl+F1
应用或取消下划线	Ctrl+U	快速插入批注	Shift+F2
粘贴数据（包括公式和格式）	Ctrl+V	弹出【插入函数】对话框	Shift+F3
剪切单元格	Ctrl+X	弹出【查找】对话框	Shift+F5
重复上一步操作	Ctrl+Y	插入新工作表	Shift+F11
撤销上一步操作	Ctrl+Z	移动到工作表开头	Ctrl+Home
隐藏选中的列	Ctrl+0	在选中区域内从下往上移动	Shift+Enter
应用或取消删除线	Ctrl+5	移动到工作簿中的上一张工作表	Ctrl+PageUp
隐藏选中的行	Ctrl+9	移动到工作簿中的下一张工作表	Ctrl+PageDown

续表

工具名称	快捷键	工具名称	快捷键
在不相邻的选中区域中，向左切换到上一个选中区域	Ctrl+Alt+ ←	选中当前工作表和上一张工作表	Ctrl+Shift+PageUp
在不相邻的选中区域中，向右切换到下一个选中区域	Ctrl+Alt+ →	选中当前工作表和下一张工作表	Ctrl+Shift+PageDown

3. PowerPoint 2021 常用快捷键索引

工具名称	快捷键	工具名称	快捷键
选择文本框中所有内容	Ctrl+A	移动到行首	Home
应用或取消加粗	Ctrl+B	将光标插入点移到本行末尾位置	End
复制所选对象	Ctrl+C	退出幻灯片放映	Esc
应用或取消斜体	Ctrl+I	在视图窗格中按下该键可新建一张同格式的幻灯片	Enter
添加或取消下划线	Ctrl+U	向左删除一个字符；在视图窗格中按下该键可删除当前幻灯片	Backspace
隐藏指针和按钮	Ctrl+H	向左删除一个词组（前提是光标插入点位于词组中间）	Ctrl+Backspace
重新显示隐藏的指针	Ctrl+P	向右删除一个字符	Delete
剪切所选对象	Ctrl+X	向右删除一个词组（前提是光标插入点位于词组中间）	Ctrl+Delete
粘贴所选对象	Ctrl+V	弹出【另存为】对话框	Ctrl+Shift+S
重复最后一步操作	Ctrl+Y	增大所选文本字号	Ctrl+Shift+>
撤销操作	Ctrl+Z	缩小所选文本字号	Ctrl+Shift+<
获得联机帮助	F1	进入幻灯片放映模式	F5 或 Shift+F5
弹出【另存为】对话框	F12	显示或取消网格线	Shift+F9
隐藏或显示功能区	Ctrl+F1	弹出右键菜单	Shift+F10
弹出【打开】对话框	Ctrl+F12		

Office
2021

附录 B
综合上机实训题

为了强化学生的上机操作能力，安排以下上机实训题，教师可以根据教学进度与教学内容，合理安排学生上机实训。

实训一：制作"招聘简章"文档

在 Word 2021 中，制作如图 B-1 所示的"招聘简章"文档。

素材文件	上机实训 \ 素材文件 \ 招聘 .png
素材文件	上机实训 \ 素材文件 \ 鲜花 .png
结果文件	上机实训 \ 结果文件 \ 招聘简章 .docx

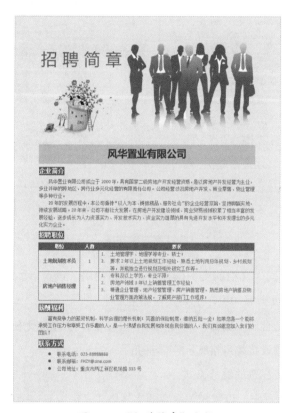

图 B-1 "招聘简章"文档

操作提示

在制作"招聘简章"文档的实例操作中，主要使用了字体格式设置、图片插入和美化、文本框设置、表格设置、页面设置等知识，主要操作如下。

（1）新建一个四周页边距都为 2 厘米的纵向文档，并将页面背景颜色设置为浅绿色。

（2）插入图片，调整图片的大小和位置，设置图片颜色。

（3）插入文本框和表格，输入相关文本内容并设置字体格式。

（4）输入正文文本内容，设置字体、字号等字体格式。

（5）设置文本对齐方式和段落格式，完成对"招聘简章"文档的制作。

实训二：制作"劳动合同"文档

在 Word 2021 中，制作如图 B-2 所示的"劳动合同"文档。

素材文件	上机实训 \ 素材文件 \ 劳动合同 .docx
结果文件	上机实训 \ 结果文件 \ 劳动合同 .docx

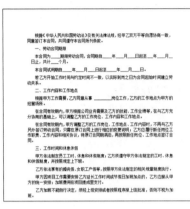

（a）"劳动合同"文档素材　　　　（b）"劳动合同"文档效果

图 B-2　"劳动合同"文档

操作提示

在制作"劳动合同"文档的实例操作中，主要使用了设置字体格式和段落格式、设置编号、添加页眉 / 页脚等知识，主要操作如下。

（1）打开"劳动合同"文档，对首页文字进行字体格式和段落格式设置。

（2）对一级标题设置编号格式和字体加粗。

（3）自定义二级标题的编号格式。

（4）添加页眉 / 页脚，设置相关内容的字体格式，完成对文档的制作。

实训三：制作"新品促销海报"文档

在 Word 2021 中，制作如图 B-3 所示的"新品促销海报"文档。

素材文件	上机实训 \ 素材文件 \ 海报背景 .jpg
素材文件	上机实训 \ 素材文件 \ 夏装 1.png
素材文件	上机实训 \ 素材文件 \ 夏装 2.png
素材文件	上机实训 \ 素材文件 \ 夏装 3.png
结果文件	上机实训 \ 结果文件 \ 新品促销海报 .docx

图 B-3 "新品促销海报"文档

操作提示

在制作"新品促销海报"文档的实例操作中，主要使用了页面设置、图片编辑和美化、艺术字设置、文本框设置等知识，主要操作如下。

（1）新建空白文档，对页边距进行设置。

（2）插入用作文档背景的图片，设置布局为衬于文字下方，调整图片大小和位置。

（3）插入文本框和艺术字，设置字体颜色、字号等字体格式。

（4）插入图片，调整图片大小和位置，完成对文档的制作。

实训四：制作"问卷调查"文档

在 Word 2021 中，制作如图 B-4 所示的"问卷调查"文档。

素材文件	上机实训 \ 素材文件 \ 问卷调查 .docx
结果文件	上机实训 \ 结果文件 \ 问卷调查 .docm

（a）"问卷调查"文字素材

（b）"问卷调查"文档效果 1

（c）"问卷调查"文档效果 2

（d）"问卷调查"文档效果 3

图 B-4　"问卷调查表"文档

操作提示

在制作"问卷调查"文档的实例操作中，主要使用了更改文档保存类型、添加控件、添加宏代码、设置限定编辑等知识，主要操作如下。

（1）打开素材文档，将文档保存类型设为“启用宏的 Word 文档（*.docm）”，设置文件名和保存位置。

（2）添加文本框、单选钮、复选框及命令按钮等 ActiveX 控件，并设置相关参数。

（3）为【提交】按钮添加宏代码，以便用户单击按钮后自动保存文件并发送到指定邮箱。

（4）设置限定编辑，以免文档被随意修改，完成对“问卷调查”文档的制作。

实训五：制作“员工工资条”

在 Excel 2021 中，制作如图 B-5 所示的“员工工资条”。

素材文件	上机实训 \ 素材文件 \ 员工工资表 .xlsx
结果文件	上机实训 \ 结果文件 \ 员工工资条 .xlsx

	A	B	C	D	E	F	G	H	I	J	K	L	M
1	工号	姓名	部门	职务	工龄	绩效评分	基本工资	工龄工资	绩效奖金	岗位津贴	代扣保险	其他扣款	实发工资
2	0001	李清国	人事部	经理	9	81	3000				395	468	
3	0002	周国庆	人事部	办事员	5	84	3000				395	335	
4	0003	张思琼	人事部	办事员	4	61	3000				395	46	
5	0004	王洋	财务部	经理	8	94	3000				395	135	
6	0005	李林语	财务部	会计	7	97	3000				395	185	
7	0006	刘万平	财务部	出纳	6	59	3000				395	156	
8	0007	周小花	销售部	经理	3	49	3000				395	175	
9	0008	白素容	销售部	业务员	0	96	3000				395	302	
10	0009	刘伟	销售部	业务员	2	48	3000				395	240	
11	0010	周波	销售部	业务员	5	48	3000				395	510	
12	0011	王刚	办公室	主任	6	65	3000				395	356	
13	0012	包小佳	办公室	干事	2	51	3000				395	248	

员工工资表

（a） 员工工资表

	A	B	G	H	I	J	K	L	M
1	工号	姓名	基本工资	工龄工资	绩效奖金	岗位津贴	代扣保险	其他扣款	实发工资
2	0001	李清国	3000	900	1000	2000	395	468	6037
3									
4	工号	姓名	基本工资	工龄工资	绩效奖金	岗位津贴	代扣保险	其他扣款	实发工资
5	0002	周国庆	3000	500	1000	1000	395	335	4770
6									
7	工号	姓名	基本工资	工龄工资	绩效奖金	岗位津贴	代扣保险	其他扣款	实发工资
8	0003	张思琼	3000	200	610	1000	395	46	4369
9									
10	工号	姓名	基本工资	工龄工资	绩效奖金	岗位津贴	代扣保险	其他扣款	实发工资
11	0004	王洋	3000	800	1000	2000	395	135	6270
12									
13	工号	姓名	基本工资	工龄工资	绩效奖金	岗位津贴	代扣保险	其他扣款	实发工资
14	0005	李林语	3000	700	1000	800	395	185	4920
15									
16	工号	姓名	基本工资	工龄工资	绩效奖金	岗位津贴	代扣保险	其他扣款	实发工资
17	0006	刘万平	3000	600	0	500	395	156	3549
18									
19	工号	姓名	基本工资	工龄工资	绩效奖金	岗位津贴	代扣保险	其他扣款	实发工资
20	0007	周小花	3000	150	0	2000	395	175	4580
21									
22	工号	姓名	基本工资	工龄工资	绩效奖金	岗位津贴	代扣保险	其他扣款	实发工资
23	0008	白素容	3000	0	1000	300	395	302	3603
24									
25	工号	姓名	基本工资	工龄工资	绩效奖金	岗位津贴	代扣保险	其他扣款	实发工资
26	0009	刘伟	3000	100	0	300	395	240	2765
27									
28	工号	姓名	基本工资	工龄工资	绩效奖金	岗位津贴	代扣保险	其他扣款	实发工资
29	0010	周波	3000	500	0	300	395	510	2895
30									
31	工号	姓名	基本工资	工龄工资	绩效奖金	岗位津贴	代扣保险	其他扣款	实发工资
32	0011	王刚	3000	600	650	2000	395	356	5499
33									
34	工号	姓名	基本工资	工龄工资	绩效奖金	岗位津贴	代扣保险	其他扣款	实发工资
35	0012	包小佳	3000	100	0	800	395	248	3257

员工工资表　工资条　岗位津贴标准 ...

（b） 员工工资条

图 B-5　员工工资表及员工工资条

操作提示

在制作"员工工资条"的实例操作中，主要使用了设置单元格内容的字体格式、设置单元格边框和底纹、使用函数等知识，主要操作如下。

（1）打开素材文件，设置单元格底纹、边框和单元格内容的字体格式等。

（2）使用函数计算员工的工龄工资、绩效奖金、岗位津贴及实发工资。

（3）新建"工资条"工作表，设置单元格格式。

（4）使用函数引用相关数据，并使用填充柄功能将函数填充到更多单元格中。

（5）保存文件，完成对"员工工资条"的制作。

实训六：制作"生产统计图表"

在 Excel 2021 中，制作如图 B-6 所示的"生产统计图表"。

素材文件	上机实训 \ 素材文件 \ 车间生产报告 .xlsx
结果文件	上机实训 \ 结果文件 \ 生产统计图表 .xlsx

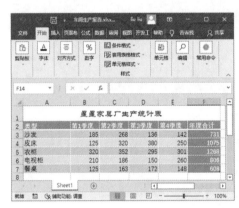
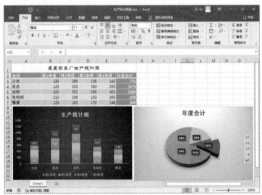

（a）素材表格　　　　　　　　　　（b）图表效果

图 B-6　生产统计图表的素材表格及制作效果

操作提示

在制作"生产统计图表"的实例操作中，主要使用了插入图表、设置图表元素、美化图表等知识，主要操作如下。

（1）打开素材表格，选择数据区域后插入柱形图表。

（2）调整图表的位置和大小，设置图表布局及相关元素。

（3）应用图表样式，美化图表。

（4）插入饼图，创建"年度合计"对比图，设置相关格式后，将工作簿保存为"生产统计图表"，完成图表制作。

实训七：制作"客户信息管理系统"

在 Excel 2021 中，制作如图 B-7 所示的"客户信息管理系统"。

素材文件	无
结果文件	上机实训 \ 结果文件 \ 客户信息管理系统 .xlsm

图 B-7 客户信息管理系统

操作提示

在制作"客户信息管理系统"的实例操作中，主要使用了设置字体格式、单元格边框和底纹、输入宏、添加执行按钮等知识，主要操作如下。

（1）新建工作簿，将工作表命名为"客户信息管理总表"后，输入客户信息，并设置单元格样式和单元格内容的字体格式。

（2）新建"客户信息表"工作表，设置单元格样式和单元格内容的字体格式。

（3）对有规则要求的单元格设置数据验证，防止输入数据时出现不必要的错误。

（4）使用公式对数据完整性进行检测。

（5）添加两个宏命令，一为输入数据的宏，二为清除输入信息的宏。

（6）添加宏命令执行按钮，并设置对应的宏，保存为启用宏的文件，完成对"客户信息管理系统"的制作。

实训八：制作"员工入职培训"演示文稿

在 PowerPoint 2021 中，制作如图 B-8 所示的"员工入职培训"演示文稿。

素材文件	上机实训 \ 素材文件 \ 培训 .jpg
素材文件	上机实训 \ 素材文件 \ 入职 .jpg

续表

素材文件	上机实训 \ 素材文件 \ 项目符号 1.png
素材文件	上机实训 \ 素材文件 \ 项目符号 2.png
素材文件	上机实训 \ 素材文件 \ 项目符号 3.png
结果文件	上机实训 \ 结果文件 \ 员工入职培训 .pptx

图 B-8　"员工入职培训"演示文稿

操作提示

在制作"员工入职培训"演示文稿的实例操作中，主要使用了插入图片等对象、美化对象、设置动画效果等知识，主要操作如下。

（1）新建一个基于模板的演示文稿，在第 1 张幻灯片中输入演示文稿标题，并为其设置字体格式。

（2）在各幻灯片中插入图片、文本框、形状等对象，并调整各对象的位置和大小，进行美化操作。

（3）根据实际需要输入文本内容，并为其设置字体格式。

（4）为各幻灯片设置切换方式。

（5）为各幻灯片中的对象添加动画效果，完成对演示文稿的制作。

实训九：制作"年终总结汇报"演示文稿

在 PowerPoint 2021 中，制作如图 B-9 所示的"年终总结汇报"演示文稿。

素材文件	上机实训 \ 素材文件 \ 冰箱 .jpg
素材文件	上机实训 \ 素材文件 \ 电视 .jpg
素材文件	上机实训 \ 素材文件 \ 洗衣机 .jpg
结果文件	上机实训 \ 结果文件 \ 年终总结汇报 .pptx

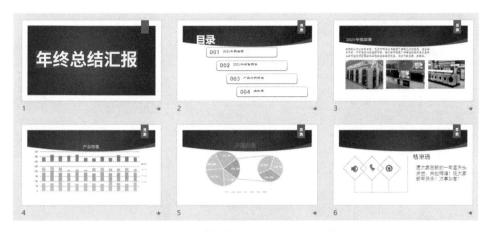

图 B-9   "年终总结汇报"演示文稿

操作提示

在制作"年终总结汇报"演示文稿的实例操作中，主要使用了插入和美化图片、图表、文本框、形状等对象，使用动画效果及设置超链接等知识，主要操作如下。

（1）基于模板新建演示文稿，设置演示文稿首页标题。

（2）插入文本框、图片、形状等对象，丰富演示文稿，输入相关文本内容并设置样式。

（3）为各幻灯片设置切换方式。

（4）为插入的对象添加动画效果。

（5）在幻灯片中添加可随时返回目录页的超链接，完成对演示文稿的制作。

实训十：制作"楼盘推广"演示文稿

在 PowerPoint 2021 中，制作如图 B-10 所示的"楼盘推广"演示文稿。

素材文件	上机实训 \ 素材文件 \ 背景 1.jpg
素材文件	上机实训 \ 素材文件 \ 背景 2.jpg
结果文件	上机实训 \ 结果文件 \ 楼盘推广.pptx

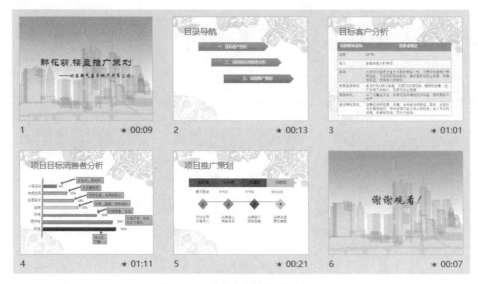

图 B-10　"楼盘推广"演示文稿

操作提示

在制作"楼盘推广"演示文稿的实例操作中，主要使用了插入和美化文本框、形状、SmartArt 图形，添加动画效果及排练计时等知识，主要操作如下。

（1）创建演示文稿，在幻灯片母版中设置版式。

（2）插入文本框、形状、SmartArt 图形等对象，并设置样式，输入文本内容。

（3）为幻灯片设置切换方式，并应用到整个演示文稿。

（4）为各幻灯片中的对象添加动画效果。

（5）进行排练计时，以达到讲述和放映同步的目的，完成对演示文稿的制作。

Office
2021

（全卷：100分　答题时间：120分钟）

得分	评卷人

一、选择题（每题2分，共20小题，共计40分）

1. Word 2021 默认的文档保存格式为（　　）。

A.【*.doc】　　B.【*.docx】　　C.【*.docm】　　D.【*.dotx】

2. 在 Word 2021 中，按（　　）组合键，可以快速将光标插入点移动到文档开头。

A.【Ctrl+Enter】　　B.【Ctrl+Home】　　C.【Ctrl+End】　　D.【Ctrl+ 空格键】

3. 在 Word 2021 中，按（　　）组合键，可以快速将光标插入点移动到文档末尾。

A.【Ctrl+Enter】　　　　　　　　B.【Ctrl+Home】

C.【Ctrl+End】　　　　　　　　D.【Ctrl+ 空格键】

4. 在中文文档中设置对齐方式时，左对齐和两端对齐无明显区别；在中英文混排文档或英文文档中设置对齐方式后，文字间距被拉开，自动填满一行的是（　　）方式。

A. 居中对齐　　B. 左对齐　　C. 两端对齐　　D. 分散对齐

5. 在 Word 2021 文档中插入表格时，使用虚拟表格插入的最大行列数为（　　）。

A. 6行 *8 列　　B. 8行 *8 列　　C. 10行 *8 列　　D. 8行 *10 列

6. 在 Word 程序窗口中，按（　　）组合键，可以快速打开【样式】任务窗格。

A.【Ctrl+S】　　　　　　　　B.【Shift+S】

C.【Ctrl+Shift+S】　　　　　　D.【Ctrl+Shift+Alt+S】

7. 要在 Excel 2021 工作表的单元格中输入分数"3/5"，可以输入数据（　　）。

A.【3/5】　　B.【'3/5】　　C.【0 3/5】　　D.【"3/5"】

8. 对文本型数据进行排序操作时，默认以（　　）的方法进行排序。

A. 字母排序　　　　　　　　B. 笔划排序

C. 单元格颜色排序　　　　　　D. 行排序

9. 在 Excel 2021 中，默认的图表类型为簇状柱形图，选择数据区域后按（　　）组合键，即可快速嵌入柱形图表。

A.【Ctrl+Enter】　　B.【Alt+F1】　　C.【Ctrl+F5】　　D.【Shift+F2】

10. 演示文稿放映模式下，按下（　　）键，可以退出放映模式。

A.【Enter】　　B. 空格　　C.【Esc】　　D.【F5】

11. 在 PowerPoint 2021 中，按下（　　）键，可以从第一张幻灯片开始放映演示文稿。

A.【F5】　　B.【F12】　　C.【Shift+F5】　　D.【Shift+F12】

12. 要在 Excel 2021 工作表的单元格中输入序号"012"，可以输入数据（　　）。

A.【012】　　B.【-012】　　C.【'012】　　D.【^012】

13. 在 Word 2021 中，将鼠标指针移到编辑区左侧空白处，当鼠标指针变为"✍"状态时，（连续）单击鼠标左键（　　）次，即可选择整行文本。

    A. 1　　　　　　B. 2　　　　　　C. 3　　　　　　D. 4

14. 在下列单元格引用中，（　　）属于相对引用。

    A. =E5*F6　　　B. =E1*$F$3　　　C. =$E2*$F4　　　D. =$E$8*$F$9

15. 要在 Word 文档中输入符号"："，可以将输入法切换到中文状态，按住（　　）键的同时按下键盘上对应的键。

    A. 【Shift】　　　B. 【Ctrl】　　　C. 【Alt】　　　D. 【Ctrl+Shift】

16. 在 Word 2021 中，选择文本内容后按（　　）组合键可以快速剪切当前内容。

    A. 【Ctrl+S】　　B. 【Ctrl+X】　　C.【Ctrl+C】　　D. 【Ctrl+V】

17. 在 Office 2021 系列组件中，默认字体为（　　）。

    A. 宋体　　　　B. 楷体　　　　C. 等线　　　　D. 隶书

18. 裁剪图像时，调整裁剪区域后，在该区域内双击，或者按（　　）键，即可将未框选的图像裁剪掉。

    A. 【Tab】　　　B. 【Ctrl】　　　C. 【Shift】　　　D. 【Enter】

19. 在 Excel 2021 中，使用（　　）函数，可以返回一组数值中的最大值。

    A. MAX　　　　B. MIN　　　　C. FIND　　　　D. SUM

20. Office 2021 内置多种类型的 SmartArt 图形，如果需要显示组织中的分层信息或上下级关系，可以选择（　　）图形类型。

    A. 流程　　　　B. 层次结构　　　C. 循环　　　　D. 列表

得分	评卷人

二、填空题（每空 1 分，共 10 小题，共计 20 分）

1. 在 Word 2021 中，默认字体为_____，默认字号为_____，默认字体颜色为_____。

2. 在 Word 2021 中选择文本，将鼠标指针移到编辑区左侧空白处，当鼠标指针变为"✍"形状时，单击可选择_____，双击可选择_____，连续单击 3 次可选择_____。

3. Word 2021 内置多种类型的 SmartArt 图形，如果需要展示某个流程的顺序步骤，可以选择_____图形类型。

4. 在 Excel 2021 中，一个完整的函数由_____、_____和_____ 3 部分组成。

5. _____不是对象，而是一种放置在单元格背景中的微缩图表，将其放置在数据旁边，可以使数据表达更直观、更容易被理解。

6. 默认情况下，放映完所有幻灯片后，单击，PowerPoint 2021 将显示_____。

7. 在 PowerPoint 2021 中，幻灯片放映包括＿＿＿、＿＿＿和＿＿＿3种设置方式。

8. 在 Excel 2021 中，完成＿＿＿操作后，只显示符合用户设置条件的数据信息，隐藏不符合条件的数据信息。

9. 在 PowerPoint 2021 中，正式放映演示文稿前手动对幻灯片进行切换，将手动换片的时间记录下来，就可以按照设定的时间自动放映演示文稿了，这种操作叫作＿＿＿。

10. Office 2021 中的所有组件都默认应用彩色主题，其中，Word 2021 的默认主题颜色为＿＿＿，Excel 2021 的默认主题颜色为＿＿＿，PowerPoint 2021 的默认主题颜色为＿＿＿。

得分	评卷人

三、判断题（每题 1 分，共 10 小题，共计 10 分）

1. Word 2021 内置多种类型的 SmartArt 图形，如果需要显示某个流程的顺序步骤，可以选择层次结构图形类型。　　　　　　　　　　　　　　　　（　　）

2. 单击 Excel 2021 左上角行标题和列标题的交叉处，或者按【Ctrl+A】组合键，可以快速选择工作表中的所有单元格。　　　　　　　　　　　　　　（　　）

3. 默认情况下，在 Excel 2021 中输入"0"开头的数字时，程序会将它识别成数值型数据，省略开头的"0"；如果要保留数据开头的"0"，需要在数据前加上英文状态下的单引号。　　　　　　　　　　　　　　　　　　　　　　　（　　）

4. 在 PowerPoint 2021 的几种视图模式中，使用大纲视图，可以以缩略图形式浏览演示文稿中已创建的多张幻灯片。　　　　　　　　　　　　　　　（　　）

5. 当一张幻灯片中包含多个对象时，可以设置切换方式，实现多个对象陆续出现的效果。　　　　　　　　　　　　　　　　　　　　　　　　　　（　　）

6. 在 Word 2021 中，选择文本内容后按【Ctrl+C】组合键，可以快速复制所选内容，在目标位置按【Ctrl+V】组合键，可以快速粘贴复制的内容。　　　　（　　）

7. 选择图片后，将鼠标指针移到四周的任意控制点上，当鼠标指针变为双向箭头时，按住鼠标左键进行拖动，可以调整图片大小，此时按住【Shift】键，可以等比例调整图片大小。　　　　　　　　　　　　　　　　　　　　　（　　）

8. 在混合运算公式中，对于不同优先级，应按照从高到低的顺序进行运算；对于相同优先级，应按照从左到右的顺序进行运算。　　　　　　　　　　（　　）

9. 在 Excel 2021 中使用高级筛选功能，可以对表格中的数据进行分类，把性质相同的数据汇总到一起，更利于用户查找数据。　　　　　　　　　　　（　　）

10. 为了更加清晰地展示文本内容之间的结构与关系，用户可以在 Word 文档中的各个要点前添加项目符号或编号，增加文档的条理性。 （　　）

得分	评卷人

四、简答题（每题 10 分，共 3 小题，共计 30 分）

1. 请简单说明移动文本内容和复制文本内容的区别。

2. Excel 2021 函数库中内置多种函数，按照函数的功能，可以分为哪几类？

3. 为演示文稿中的多张幻灯片设置切换效果后，如何将所有切换效果一次性删除？